REIHE: SOKRATISCHE WEISHEIT
Band 1

Kurt Herberts

ICH SUCHE DEN MENSCHEN

Kurt Herberts

ICH SUCHE DEN MENSCHEN

Vom Geheimnis der Erkenntnis und Liebe

Geistige Führung und Selbsterneuerung

AURUM VERLAG · FREIBURG IM BREISGAU

Die Reihe »Sokratische Weisheit« wird herausgegeben von der Sokratischen Gesellschaft e.V. in Verbindung mit der Humboldt-Gesellschaft für Wissenschaft, Kunst und Bildung e. V.

1980

ISBN 3 591 08149 3

Gesamtherstellung:
Landsberger Verlagsanstalt Martin Neumeyer,
Landsberg am Lech.
Printed in Germany.

Inhalt

Vorwort

Dieses Buch hat die Ehre, die neue Schriftenreihe »Sokratische Weisheit« einzuleiten. Sokrates war Grieche, und Griechen waren es, die erstmalig Weltall und Menschsein als Frage empfanden, die eine Antwort erforderte, wollten sie sich im Sein behaupten. Es ist das Rätsel der »Sphinx« am »Abgrund des Seins«, das der Menschheitsvertreter Oedipus lösen muß, will er sich nicht verloren geben.

Die Frage nach dem Menschen im Zusammenhang mit dem Ganzen des Weltalls ist demnach keineswegs nur eine akademische Frage, die lediglich einen kleinen Kreis von Gelehrten zu beschäftigen hätte. Sie ist eine Frage unserer Existenz, weil wir nur dann unsere Humanitas erhalten und erhöhen können, wenn wir das Wesen unseres Seins richtig interpretieren. Ohne Wahrheit über uns selbst und über das Weltall können wir auf die Dauer nicht leben, weshalb schon Kinder nach dem Was, Woher, Warum und Wozu fragen und die Weise ihrer weiteren Entwicklung davon abhängig ist, wie die betreffenden Antworten lauten. Sagt man ihnen, der Mensch sei lediglich das Produkt einer befruchteten Eizelle und der darin gespeicherten Chromosomen, bzw. er sei nur »das Ensemble der gesellschaftlichen Verhältnisse« (Marx), dann liefert man sie einer latenten Verzweiflung aus, die sich später in Selbstmord, Rauschgift und Terror äußert. Es gibt keinen schlechteren Weg zum wahrhaft Sozialen als die Erziehung im Sinne des Marxismus.

Von Heraklit ist der Ausspruch überliefert: »Ich habe mich selbst gesucht!« Zugleich jedoch auch die Bescheidung: »Der Seele Grenzen kannst du nicht finden, und schrittest du alle Wege ab, so tiefen Grund hat sie!« Das ist auch gar nicht anders möglich, wenn diese Seele, sofern sie das Weltall einschließlich Sternenrund, Kristallen, Pflanzen und Tieren erkennt, wie Aristoteles uns versichert, »in gewissem Sinne *alles* [allumfassend] ist«. Um diese Menschenseelen wollte sich Sokrates kümmern, wenn er Jugendliche in nachsinnende Gespräche verwickelte. Das wahrhaft Menschliche muß aber auch keineswegs selbstverständlich sein, wenn ein anderer Grieche wiederum bei Tage mit einer brennenden Laterne auf den Marktplatz ging, um »Menschen« zu suchen.

Vom ersten großen ehrfurchterfüllten Staunen über »Mensch und Weltall« bei den Griechen geht nun eine einzige große Linie durch die abendländische Geistesgeschichte bis zu Martin Heidegger, der den Menschen »Platzhalter des Seins« nennt, weil nur in ihm die Gestirne und Gesteine, die Pflanzen und Tiere, ein Wissen um ihr Sein und Sosein erhalten können, das sie sich selbst nicht zu geben vermögen. Auch Rudolf Steiner hat sich lebenslang darum bemüht, die Ausnahmestellung des Menschen als Licht der Welt zu begründen. Aber schon das Alte Testament weist uns auf diese Zentralstellung hin, wenn es erzählt, wie Jahve alle Naturwesen, insbesondere die Tiere, an Adam vorbeiführt, damit er ihnen »Namen« gebe (d.h. sie erforsche und erkenne).

Es ist jedoch keineswegs nur die umfassende Größe der menschlichen Seele, auf die wir aufmerksam gemacht werden. Ein ebenso großes Geheimnis ist doch wohl auch der menschliche Leib in seiner einmaligen das Tierreich grundsätzlich überschreitenden Gestalt und Haltung. Daher erscheinen bei den Griechen Gottheiten in menschlicher Gestalt und Menschwerdung. Leiden und Sterben einer Gottheit bilden das Zentralmysterium des Christentums.

Eine Ahnung solcher Menschen-Größe und Menschen-Verantwortung sollten wir schon unseren Kindern und Jugendlichen (in jeweils geeigneter Form) vermitteln, um sie für das Leben vorzubereiten, weil sonst unsere physische Wohlstandsgesellschaft unausweichlich zur seelischen Notstandsgesellschaft werden muß.

Wir leben in einem naturwissenschaftlichen Zeitalter, daher werden unsere Untersuchungen mit den naturwissenschaftlichen Aspekten des Menschseins beginnen. Nur zunächst und irrtümlicherweise scheint die moderne Naturwissenschaft vom Geist hinwegzuführen, während vielmehr die von ihr erkundeten Tatsachen die schöpferische Realität des Geistes in Natur und Kosmos mit größter Deutlichkeit beweisen. In diesem Sinne ist schon die Leibesgestalt des Menschen eine Künderin des Menschen-Geistes.[1*]

---

* Die hochstehenden Ziffern beziehen sich auf die Anmerkungen am Schluß des Buches.

Erster Teil

1

Von den Urgedanken in allem Werden

Entwicklung und Schöpfung

Wenn wir von den bedeutenden Vorleistungen der Antike (besonders der Griechen) absehen, wurden zu Beginn unserer »Neuzeit« – die wir wohl eben deshalb »Neuzeit« nennen – die Grundlagen des heutigen naturwissenschaftlichen Weltbildes gelegt. Doch mit diesem neuzeitlichen Bild und Weltbild der Naturwissenschaft, als deren Initiatoren Galileo Galilei (1564–1642) und Isaak Newton (1643–1727) gelten mögen, hat es seine besondere Bewandtnis. Mögen immerhin Pflanzen, Tiere und Menschen sich zur Verwirklichung ihrer Leiber materiell-energetischer Grundlagen bedienen, so überschreiten sie doch eben als Gestalten grundsätzlich und absolut den Bereich der Physik. Denn *Physik* ist das Reich quantitativer Meß- und Berechenbarkeit (von ihnen zweigt sich die Technik ab); *Biologie* hingegen ist das Reich der Formen, Gestalten, Qualitäten: Sinnbezüge, die sich jeder Meßbarkeit entziehen und eine ganz andere Blick- und Forschungsrichtung (eben die »Morphologie« mit ihren Beziehungen zu Psychologie, Physiognomik, Verhaltens- und Sinnlehre) voraussetzen.

In dieser Hinsicht wiederum war Linné bahnbrechend, da er den unübersehbaren und scheinbar zufälligen Gestaltenreichtum der Lebewesen in ein strenges, nach Klassen, Ordnungen, Familien, Gattungen und Arten gegliedertes hierarchisches »System« brachte. Man denke an Kryptogamen und Phanerogamen, an Rosazeen, Liliazeen und Kruziferen des Pflanzenreiches; an Stachelhäuter, Würmer, Mollusken, Insekten, Wirbeltiere des Tierreiches und zuletzt an den Menschen.

Diese Formenfülle, versichert uns Linné, sei am »Urbeginn« (in initio) vom unendlichen Sein der Gottheit geschaffen worden – was wohl dasselbe meint wie das »Sechstage-Werk« des mosaischen Schöpfungsberichtes. Denn selbstverständlich handelt es sich hierbei nicht um *Menschen*-Tage, sondern um *Welten*-Tage, um *Gottheits*-Tage, für die wir heute gut und gern Millionen oder gar Milliarden von Jahren einsetzen können.

Linné denkt noch nicht an dasjenige, was wir heute Entwicklung oder Evolution nennen. Zu sehr war er wohl von der Eigenwesenhaftigkeit und Verschiedenheit der einzelnen Baupläne des Tier- und Pflanzenreiches beeindruckt, um diese in irgendeiner Weise voneinander »abstammen« und auseinander hervorgehen lassen zu können. Auch der modernen Deszendenztheorie gelingt dies (wenn sie ehrlich ist) in keiner Weise (wie uns Adolf Portmann versichert). Denn die Darwinsche Abstammungs- und Selektionstheorie bezieht sich zumeist nur auf die Veränderungen im Artbereich (also auf die Mikro-Evolution), während wir über die Herkunfts- und Abstammungsverhältnisse der großen Baupläne (die Makro-Evolution) so gut wie nichts wissen.

In dieser Hinsicht scheinen wir nämlich in der Naturgeschichte auf ähnliche Schwierigkeiten zu stoßen wie in der Kultur- und Menschheitsgeschichte. Auch hier ist es wohl kaum möglich, z. B. die griechische Kultur von der ägyptischen »abstammen« und sich aus dieser »herausentwickeln« zu lassen. Ebensowenig ist der barocke Baustil eine Weiterentwicklung des gotischen und dieser eine Weiterentwicklung des romanischen Baustiles. Auch läßt sich die neuzeitliche Philosophie eines Descartes, Leibniz, Kant und Fichte nicht als Weiterentwicklung der Scholastik eines Thomas von Aquin deuten.

Dennoch gibt es zweifellos sowohl in der Natur- als auch in der Kultur- und Menschheitsgeschichte Evolutions-, Entwicklungs- und Abstammungs-Prozesse. Diese vollziehen sich jedoch nicht nur durch allmähliche Veränderungen an der Oberfläche, sondern im Wesentlichen durch schöpferische Durchbrüche aus der Tiefe, durch die eine Lebens- oder Kulturform (nach entsprechender Selbstdarstellung und Entfaltung) an ihr Ende kommt und nun (in durchaus revolutionärer Weise) ein Neues in Erscheinung tritt. *Kontinuität in der Entfaltung* eines gegebenen Gestalt- und Kulturimpulses und *Diskontinuität in der Aufeinanderfolge* von Kulturen, Baustilen, Lebens- und Denkformen, die einander wohl voraussetzen, aber keineswegs voneinander abstammen oder auseinander hervorgehen, scheinen also sowohl die Menschheitsgeschichte als auch (in anderer Weise) die Naturgeschichte zu kennzeichnen. In dieser Art hat z. B. schon der französische Naturforscher George Cuvier (1769–1832) die Erdgeschichte als Aufeinanderfolge von Evolutionen und Revolutionen gedeutet, wobei nach der Entfaltung und dem Untergang ganzer Faunen und Floren immer wieder Neuschöpfungen höherer Pflanzen- und Tiergruppen in Erscheinung traten. Charles Darwin (1809–1882) hingegen und seine Nachfolger wollten alles unmittelbar und in kleinsten Schritten auseinander sich entwickeln und voneinander abstammen lassen.[2]

Daß der Schöpfungsgedanke und der Entwicklungs- und Abstammungsgedanke einander keineswegs ausschließen, vielmehr einander ergänzen, kann vielleicht am Beispiel der modernen Technik verdeutlicht werden: Fahrzeuge mit Motorantrieb, »Autos«, stammen sicherlich nicht von Pferdefuhrwerken ab und haben sich aus diesen auch in keiner Weise weiterentwickelt. Dennoch repräsentieren sie eine höhere Art von »Fahrzeugen«. Das neue Prinzip brach aber plötzlich, als Einfall, als Inspiration, als Schöpfung in die Menschheitsgeschichte ein, benötigte jedoch dann eine ziemlich lange Evolution, um sowohl hinsichtlich der Karosserie als auch hinsichtlich der Motoren die endgültige, vollausgereifte Form zu gewinnen. Ein »Weiter«, »Höher«, »Vollkommener« gibt es dann auf dieser Ebene nicht mehr, denn dies könnte nur ein gänzlich neuer, durch »Einfall«, »Inspiration«, »Schöpfung« gewonnener Fahrzeugtyp sein.

Vielleicht war es in der Evolution des Pflanzen- und Tierreiches ähnlich. Denn auch hier haben sich höchstentwickelte Baupläne nicht weiter-entwickelt, sie wurden vielmehr durch gänzlich andersartige neue Baupläne abgelöst, ja oftmals verdrängt. So führten z. B. die höchstentwickelten Pflanzen, die Laubbäume, nicht etwa zum Tierreich hinüber. Sie bilden vielmehr einen nicht überschreitbaren Höhe- und Endpunkt des Pflanzenreiches, weil sich das Tierreich aus gänzlich anderen Bau- und Funktionsprinzipien bildet. Auch die Säugetiere waren keine Weiterentwicklung der Saurier, sondern traten nach dem Ende der Saurierzeit (Mesozoikum) allmählich hervor. In ähnlicher Weise ist nun auch der Mensch (wenn wir Adolf Portmann vertrauen wollen) in keiner Weise eine Fort- und Höherentwicklung des Tierreiches. Dieses findet vielmehr mit den höchstentwickelten Säugetieren (Pferden, Rindern, Affen) seinen Kulminationspunkt, weil sich das Menschenreich nach gänzlich anderen und neuen Bau- und Funktionsprinzipien bildet, wenngleich diese erst allmählich in der Menschwerdung (seit dem Ausgang des Tertiärs) immer klarer hervortreten.

Selbstverständlich gehört der Mensch, oberflächlich betrachtet, dem Reich der Wirbeltiere, enger betrachtet, der Klasse der Säugetiere an. Aber Wesen und Schwerpunkt seiner Existenz sind grundsätzlich anders gelagert – nicht nur anders als bei den Säugetieren, sondern anders als bei allen Tieren, ja als bei allen Naturgebilden. Denn der Mensch gehört nicht mehr der »Natur« an. Mit seinem Erscheinen ist demnach die Naturgeschichte zu Ende, und es beginnt die Menschheitsgeschichte als letzte Phase der Geschichte unserer Erde. Das ist in der Folge näher zu begründen, weil ohne diese Begründung Pädagogik, Politik und Medizin nicht auskommen.

Schon gar nicht vermochte und vermag die Darwinsche Mutations- und Selektionstheorie die Entstehung des Lebens auf unserer Erde verständlich zu machen. Denn lange bevor sich die Lebewesen durch äußere (der Selektion unterliegende) Anpassungen an ihre Umwelten behaupten und über weniger gut angepaßte triumphieren können, müssen sie allererst *Lebe-Wesen* sein. Zu Darwins Zeiten war dies kein großes Problem. Das Zellprotoplasma galt damals als formloser Schleim. Erst wir beginnen, die weisheitsvolle Komplikation seines Baues im stets wechselnden Gefüge seiner Makromoleküle und seiner chemischen Metamorphosen einigermaßen zu durchschauen, so daß für uns das Wunder der »einfachsten« lebenden Zelle alle sekundären Wunder in den zweckmäßigen Anpassungen der Pflanzen und Tiere an die Umwelt bei weitem übertrifft.[3]

Zwar gelang es im Laboratorium, mehr oder weniger komplizierte Eiweiß-Stoffe (also die Hauptkomponenten des Zellprotoplasmas) künstlich zu erzeugen. Aber noch so komplizierte Eiweiße sind doch auch der Materien-Trägheit ausgelieferte chemische Substanzen, aber keine Lebewesen. Denn »Leben« ist weder chemische Stofflichkeit noch physikalische Energie, sondern ein handelndes, über Stoffe und Energien souverän gebietendes Wesen. Leben ist das »Am-Werke-Sein des Geistes«, wie es schon Aristoteles formulierte. Daher können wir wohl höchst komplizierte Maschinen, aber nicht die kleinste Amöbe erzeugen.

Wenn also schon die kleinste Amöbe ein grandioses Schöpfungswunder darstellt, dann ist es wohl vernünftig anzunehmen, daß auch die Höherevolution des Lebens nicht zufälligen Mutationen mit nachfolgender Selektion zu verdanken ist.

Aber noch aus einem anderen Grunde scheint das Darwinsche Erklärungsprinzip die Entstehung und Höherentwicklung des Lebens auf unserer Erde nicht erklären zu können. Denn schon mit den ersten, einfachsten Lebewesen traten Leiden, Krankheiten und Sterben unvermeidlich in unser Weltall hinein. Der unbelebten Natur, den Mineralien, Kristallen, Erzen bleiben die genannten Schicksale erspart. War unter diesen Umständen die Entstehung des Lebens »zweckmäßig«, »nützlich«, »vorteilhaft«? Wodurch und wofür – falls die Entstehung des Lebens und dessen Höherentwicklung nicht ganz andere Ziele umschloß, die es erst im Men-

schen zu erreichen hoffen konnte? Denn Pflanzen und Tiere leben, leiden und sterben »sinnlos«, weil sie diese Schicksale passiv über sich ergehen lassen müssen. Sie ziehen daraus keinen Gewinn. Dies vermag, wenn er sich darum bemüht, erst der Mensch als Träger eines unsterblichen Geistwesens. Er erst kann in der leidvollen Begegnung mit den irdisch-materiellen Schicksalsmächten mit Novalis bekennen: »Das Sterbliche erdröhnt in den Grundfesten, aber das Unsterbliche fängt heller zu leuchten an und erkennt sich selbst.«
Aber wie weiter? Die niederen Pflanzen und Tiere, die Bakterien, Blaualgen und Flechten, die Würmer und Insekten besitzen eine ungeheure Vitalität und Vermehrungskraft, während gerade als Folge der Höherentwicklung die Lebens- und Vermehrungskräfte nachlassen und gerade die höchstentwickelten und edelsten Pflanzen und Tiere (ganz abgesehen vom Menschen) am meisten störanfällig sind. Im übrigen beziehen sich »vorteilhafte Anpassungen« im Sinne Darwins nur auf die Außenseite der Lebewesen, während die fundamentalen Baupläne der Lebewesen ebenso wie die großen Baustile der Kultur weder als »Anpassungen« noch als »Nützlichkeiten« gedeutet werden können. In Summa: Nur weil wir uns scheuen, sowohl in der Entstehung als auch in der Evolution des Lebens die Wirksamkeit einer geistigen Welt anzuerkennen, klammern wir uns auch noch heute an die Darwinschen Erklärungsversuche.

Führende Physiker – von Newton bis zu Planck, Einstein und Heisenberg – sind weit davon entfernt, »Materialisten«, das heißt Geist- und Gottes-Leugner, zu sein. Zu sehr sind sie sich, in echt erkenntniskritischer Weise, der methodischen Voraussetzungen ihrer Experimente, Messungen und Ergebnisse bewußt. Sie wissen, daß ihre Fragestellungen sich zwar auf einen wichtigen, aber doch auch sehr eingeschränkten Wirklichkeitsbereich, nämlich auf das Meß- und Berechenbare, also vor allem auf dasjenige beziehen, das man Materie (Masse) und Energie (Kraft) nennt. Als erkenntnistheoretisch-methodologisch geschulte Denker enthalten sie sich der Behauptung, auch im Bereich der Lebewesen habe Physik das letzte Wort. Zu deutlich sehen sie den phänomenologischen, erkenntnistheoretischen Abgrund, der zwischen ihren quantitativen Gleichungen und den Gestalten und Verhaltensweisen der Lebewesen besteht.

Erst in den Kreisen der Biologen und Ärzte gedeiht (sehr im Widerspruch zu den betreffenden Sachbereichen) der weltanschauliche Materialismus, der die Physik als die einzige exakte Wissenschaft postuliert und demgemäß alles Geistige und Göttliche in Natur und Kosmos schroff verneint oder gar verlacht (s.o. Anm. 3). Schon zu Beginn dieses Jahrhunderts erklärte demgegenüber der große Biologe und Philosoph Hans Driesch, die Biologie habe sich keineswegs als Anhängsel der Physik zu betrachten, sondern habe den Mut aufzubringen, eine *eigenständige Grundwissenschaft* zu sein. Denn in allen Lebensvorgängen manifestiere sich eine überphysikalische, letztlich geistige Wirklichkeit, die der materiellen Wirklichkeit prinzipiell übergeordnet sei.[4]

Von solchen Einsichten ist man heute mehr als je entfernt. Man glaubt z. B., im wunderbaren makromolekularen Bau der Vererbungsgene (Doppelwendel der DNS) einen neuen Beweis für die Alleinwirklichkeit materieller Gegebenheiten auch im Bereiche des Lebens gefunden zu haben. Man übersieht hierbei jedoch, daß alle derartigen chemischen oder physikalischen »Mechanismen«, wie sie sowohl in den Lebewesen selbst, als auch innerhalb der menschlichen Technik vorkommen, und – hier wie dort – jeweils bestimmte Leistungen erbringen, nicht der Materie selbst, sondern – hier wie dort – dem planenden Geist (sei es im Kosmos, sei es im Menschen) zu verdanken sind. Dieser denkende Geist ist es, der die Gestalt verschiedener chemisch-physikalischer »Mechanismen« der Materie seinen Zielen dienen läßt. Die Realität von Mechanismen widerlegt also nicht, sie beweist vielmehr die Wirklichkeit übermaterieller Gestaltungs- und Ordnungsfaktoren, denn im Unbelebten gibt es keine Mechanismen.

Will man hingegen als nachdenklicher Physiker die Wege zum Geistigen, letztlich zum Göttlichen in Natur und Kosmos suchen, so kann dies offensichtlich nicht dadurch geschehen, daß man, wie Jean E. Charon, die einzelnen Elektronen mit einem geheimnisvollen geistigen Innenraum ausstattet und hinsichtlich des menschlichen Geistwesens jedem einzelnen Elektron des menschlichen Leibes ein solches Ich zuspricht, wobei dann die Unsterblichkeit der menschlichen Seele zur bloßen Unsterblichkeit aller in seinem Leibe vorhandenen Elektronen-Iche wird.[5]

Nein, solche Theorien führen uns in der Biologie und Anthropologie ebensowenig weiter, wie die Theorie des Marxismus-Leninismus, die der Materie schöpferische Fähigkeiten zuschreibt, um nur ja nicht die über- und außermaterielle Wirklichkeit des Geistes im ganzen Kosmos sowie (gradweise verschieden) in jedem einzelnen Lebewesen zugeben zu müssen.[6]

Denn Materie ist eben deshalb »Mater«, weil sie das für

den Geist empfängliche Urmütterliche im Kosmos darstellt, das durch die Ideen- und Willenskraft des Geistes zu immer höheren Gestalt- und Funktionsstufen emporevolviert wird. Wenn uns moderne Physik diese »Materie« immer besser kennen lehrt, so gibt sie unserem menschlichen Geist dadurch die Möglichkeit, sie durch Ideen zu befruchten, das heißt zur Maschinenwelt zu evolvieren, ebenso wie in der Erdvergänglichkeit die unvergleichlich höheren Ideen des Gottesgeistes aus dieser Materie die Leiber der Pflanzen, Tiere und Menschen einst evolvierten.

2

Person und Gattung

Mensch und Tier

Es gab einen Aufruhr ohnegleichen, als (im Anschluß an Charles Darwin) Ernst Haeckel (hierin radikaler als der zurückhaltende Darwin) die »Affenabstammung des Menschen« verkündete. Das führte weiterhin in Deutschland zum sogenannten »Kulturkampf« der achtziger Jahre, in dessen Mittelpunkt das Verhältnis der modernen Naturwissenschaft zum Christentum stand.

Das Ganze erscheint uns heute als Mißverständnis bzw. als Ausdruck einer materialistischen Epoche, welche die »Gott-Natur« im Sinne des Zeitalters Goethes verloren und nur das (scheinbar) Tierische in den Tieren zurückbehalten hatte. Hundert Jahre vor Darwin hatte nämlich schon (was heute viel zu wenig beachtet wird) Johann Gottfried Herder (1744–1803) in seinen »Ideen zu einer Philosophie der Geschichte der Menschheit« eine Evolutionstheorie des Planetensystems, der Erde, des Mineral-, Pflanzen- und Tierreiches dargelegt, in der der Mensch als End- und Zielpunkt des naturgeschichtlichen Werdens erscheint. Die Quelle dieser Evolution war allerdings bei Herder nicht das Zufalls- und Selektionsgeschehen im Sinne Darwin/Haeckels, sondern die schöpferische Macht und Weisheit einer Gott-Natur. Wenn daher für Herder auch die Pflanzen und die Tiere in gewissem Sinne Gottes-Kinder waren, so konnte es doch auch für den Menschen nicht disqualifizierend sein, von Gottes-Kindern (notfalls sogar von Affen) zwar abzustammen, zugleich aber auch weit über sie als »Krone der Schöpfung« hinauszuwachsen.

In dieser Hinsicht darf man aber auch daran erinnern, daß in früheren Zeiten viele Tiergestalten als Symbole von Gottheiten oder, allgemeiner, als Erscheinungsformen einer Geistes- und Ideenwelt galten. Vornehme Adelsgeschlechter hielten es daher nicht für unter ihrer Würde, von Tieren »abzustammen«, bzw. Tiergestalten als Symbole ihres Adels auf ihren Schilden oder Heerbannern abzubilden. Erst als man die Natur entgötterte, entgeistigte, entseelte, zugleich aber vom Eigendünkel des Menschseins ergriffen wurde, konnte die »Abstammungslehre« als »unzumutbar« oder gar als »unchristlich« gelten.

Nun kann von einer unmittelbaren »Affenabstammung« des Menschen heute keine Rede mehr sein. Der Stammbaum der Affen muß sich von dem der Menschen schon sehr frühzeitig getrennt haben, wenn nicht gar die Evolution der menschlichen Gestalt schon von Anfang an der Evolutionsreihe der Wirbel- und Säugetiere parallel verlief.[7] Fest steht jedenfalls, daß sich die menschliche Körpergestalt in langer, mühevoller Evolution aus primitiven, untermenschlichen, tierähnlichen Formen entwickelte – wie sie das in der embryonalen Evolution im Mutterleib in mehr oder weniger verschleierter Weise ja auch noch heute tun muß.[8]

Nun gibt es eine Reihe anatomisch-physiologischer Besonderheiten, die den Menschen von allen Säugetieren und zumal von den Menschenaffen (Orang, Gorilla, Schimpanse) grundlegend unterscheiden.[9] Sie hängen alle letztlich mit der im strengen Sinne aufrechten Haltung des Menschen zusammen, die (wie schon die Griechen meinten) die Möglichkeit habe, frei um sich her und vor allem frei nach oben blicken zu können. In der Möglichkeit, das Himmelsgebäude zu betrachten, sah daher Pythagoras (500–496) die ausgezeichnete Möglichkeit des Menschseins. Später hat Platon das menschliche Haupt als Gottheitsgeschenk verherrlicht.

In der Tat: Tiere interessieren sich nicht für eine so »brotlose Kunst«, wie es die Astronomie ist. Sie kümmern sich nur um Dinge, die irgendwie »eßbar« oder für den Nestbau »brauchbar« oder als Geschlechtspartner »anziehend« bzw. als Feinde »zu fliehen« sind. Nimmt man jedoch den Ausdruck »Himmelsgebäude« im erweiterten Sinn, so erstrebt nur der Mensch Wissenschaft um ihrer selbst willen. Er allein interessiert sich für das Sein und Sosein der Dinge. Er allein kann sich über seinen animalischen Egoismus erheben und »Sachlichkeit« um ihrer selbst willen bekunden. Er allein ist schließlich auf höchster Stufe dazu fähig, von seinen zwischenmenschlichen Sympathien und Antipathien, von seinen Freundschaften und Feindschaften abzusehen und sich darum zu bemühen, den Mitmenschen (er sei, wer immer) als solchen zu erkennen, weiterhin zu achten und schließlich (wenn die Kraft dazu ausreicht) als Bruder zu lieben. Er besitzt hierzu jedoch nur die *Möglichkeit*. Die *Wirklichkeit* muß er in lebenslanger Mühe seiner animalischen Sturheit, Egozentrik und Triebhaftigkeit abzuringen suchen. Schon das kleine Kind zeigt die ersten Symptome dieser Möglichkeiten, wenn es, statt wie die Schimpansen lediglich hungrig nach einem Apfel zu greifen, nach dem *Namen* des Gebildes fragt und dieses alsbald auch zu zeichnen versucht, womit schon so frühzeitig die Keime aller menschlichen Kunst- und Wissenschaftsbemühungen offenbar werden.[10]

Dennoch hat man immer wieder, besonders in der populärwissenschaftlichen Literatur, den Wesensunterschied zwischen Mensch und Tier zu leugnen versucht. Dies ist auch durchaus naheliegend, wenn man die sogenannte Intelligenz zum Maßstab nimmt. Da verraten nämlich nicht nur die Leistungen vieler Insekten und Vögel, sondern auch die Leistungen von Bibern und Füchsen ein hohes Maß an Intelligenz. Ein besonders hoher Intelligenzgrad begegnet uns bei Tieren, die mit dem Menschen zusammenleben und von ihm für besondere Aufgaben geschult werden, z. B. Polizeihunde. Ein Maximum tierischer Intelligenz erreichen Schimpansen, wenn sie sich z. B. durch Arbeitsleistungen an bestimmten Maschinen Geldmünzen verdienen und diese dann sehr sachkundig zum Einkauf begehrter Nahrungsmittel an entsprechenden Apparaten handhaben. Auch Ratten bekunden gegenüber schwierigen Labyrinth-Problemen ein erstaunliches Maß intelligenter Orientierungsfähigkeit. Da läßt sich also endlos streiten.

Unbestreitbar wird der Wesensunterschied des Menschen nicht nur zu den Tieren, sondern zu allem, was wir »Natur« nennen, erst, wenn wir entdecken: Nur der Mensch hat »Geschichte«. Allerdings sind wir Menschen wie alle Naturgebilde irgendwie und irgendeinmal als Produkte der Erdenevolution, der sogenannten »Stammesgeschichte«, entstanden. Während jedoch Pflanzen und Tiere als Einzelwesen auf dem jeweils evolutiv erreichten Stadium verharren, das heißt ein artgemäßes, durch Vererbung bestimmtes Leben so lange führen, bis sie durch die »Evolution« in neue und andere Arten übergeführt werden, wird der Einzelmensch nun selbst zum Schöpfer. Seit ihrer stammesgeschichtlichen Entstehung leben z. B. die Schimpansen heute so wie vor Jahrzehntausenden gemäß den in ihrer Erbsubstanz wirkenden »Genen«. Wir Menschen hingegen haben seit den Zeiten unserer vollen Menschwerdung in der Cro-Magnon-Rasse vor einigen Jahrzehntausenden eine geschichtliche Entwicklung durchlaufen, die uns vom Steinkeil zur vollautomatischen Fabrik, von der Wohnhöhle zur Mondlandung führte.

Was hat sich da entwickelt? Was ist da fortgeschritten? Die Vererbungs-Gene ersichtlich nicht. Diese haben sich seit den Zeiten der vollerreichten menschlichen Gestalt, Gehirngröße und Organisation, also gegen Ende der letzten Eiszeit, nicht verändert. Mit derselben genetischen Substanz, also z. B. mit derselben Gehirngröße, haben wir als Steinzeitmenschen gelebt und leben heute als Menschen einer Industriegesellschaft. Offenbar kommt hier das biologische Denken an sein Ende, und wir benötigen neue, wissenschaftliche Denkformen.

Man kann den hier gemeinten, erregenden Tatbestand auch so formulieren: Pflanzen und Tiere werden von der schaffenden Natur hervorgebracht und mit bestimmten, fertigen Eigenschaften und Fähigkeiten ins Leben gestellt. Vom einzelnen Individuum als solchem wird nichts »erwartet«. Es hat lediglich die Eigenschaften und Fähigkeiten der Gattung (ähnlich einem Automaten) auszuleben, und – vor allem – es hat die Gattung fortzupflanzen. Auch wir Menschen wurden von der schaffenden Natur mit bestimmten gattungs- und vererbungsmäßigen Eigenschaften ins Dasein gestellt (Heidegger würde sagen »geworfen«). Es wird jedoch von uns nicht nur die Fortpflanzung der Gattung, es werden vielmehr von jedem von uns besondere Leistungen erwartet, die uns aus einem »biologischen Individuum« zur »menschlichen Persönlichkeit« erheben: Wir haben unsere »Geworfenheit« durch einen »Entwurf« zu überhöhen, und darin liegt dasjenige, was wir gewöhnlich Freiheit nennen.

Das Gattungs- und Vererbungsmäßige lediglich (wie die Pflanzen und Tiere) auszuleben, bedeutet jedoch eine weitgehende Verhaftung an das Trägerprinzip der Materie. Wohl mußte sich die schaffende Gott-Natur in hohem Grade mühen, um die Pflanzen- und Tiergattungen evolutiv zu erzeugen. Die einzelnen Pflanzen- und Tierindividuen jedoch haben nur das Errungene anzuwenden und sind insofern passiv. Beim Menschen hat die Gott-Natur jedoch den Versuch unternommen, jedem einzelnen Individuum einen Keim ihrer eigenen Schöpferkraft einzupflanzen, so daß wir Menschen nun selbst unternehmerisch sein und zu dem Naturhaft-Gegebenen ein durch Widerstände, Leiden und Sterben erkämpftes Eigenes hinzufügen können.

Seit Arnold Gehlen[11] sind wir gewohnt, im Menschen einen »Freigelassenen der Schöpfung« zu sehen, weil er (im Gegensatz zu den Tieren) durch Instinkte und Apparate (z. B. Pelze, Klauen, Zähne) nicht mehr geschützt, also anatomisch-funktionell nicht-festgestellt, also »offen gelassen« ist. Kurz: der Mensch ist (wie schon Herder betonte) in jeder Hinsicht »nackt«, keinem bestimmten Milieu angepaßt, aber eben deshalb dazu befähigt, schlechthin »Erdbewohner« zu werden. Goethe betonte, die Natur habe bei der Erzeugung des Menschen auf alles »Äußere« (Pelze, Federn, Schwänze, grelle Farben etc.)

verzichtet, um sein »Inneres« desto reichlicher auszustatten. Für Aristoteles ist die menschliche Seele in gewissem Sinn »Alles«, weil sie alle Seins- und Weltbereiche erforschen und die dazu nötigen Begriffe entwickeln könne. In dieselbe Richtung weist der Mikrokosmos-Makrokosmos-Gedanke der Renaissance, wie er besonders von Paracelsus (1493-1541) herausgearbeitet und in den Mittelpunkt der Heilkunde gerückt wurde.

Alle diese Aussagen bedeuten letztlich: Der Mensch gehört nicht mehr der Natur an, er ist nicht mehr ausschließlich aus den Gesetzmäßigkeiten der Gattung und Vererbung erklärbar. Der Bestand seiner in den Doppelwendeln der Desoxyribonukleinsäure (DNS) verkörperten Gene reicht zum Verständnis seines Daseins, zumal seiner kulturgeschichtlichen Evolution nicht hin. In ferner Urzeit muß ein Geistfunke (später von uns »Ich bin« genannt) als Ausdruck persönlicher »Genialität« jedem einzelnen Menschen zugeteilt worden sein.

Aber wie weiter? Wie war der »Fortschritt« von der Steinzeit zur Bronze- und Eisenzeit und weiterhin der Fortschritt vom wirtschaftlichen Status der Sammler und Jäger zu dem der Bauern und Handwerker und schließlich zur Industriegesellschaft möglich? Man wird sagen: Zunächst durch das Medium der Sprache und später der Schrift, also durch Überlieferung, wodurch die Erfahrungen und Errungenschaften einer Generation an die folgenden und dadurch eine Akkumulation sowohl des Wissens als des Könnens möglich wurde.

Die Konsequenz einer solchen Geschichtstheorie wäre allerdings erschreckend. Sie besagt nämlich, daß wir uns lediglich in unseren äußeren Lebensverhältnissen vom Höhlenbewohner zum Großstädter entwickelt hätten, hingegen innerlich-menschlich, sittlich-charakterlich (der Konstanz der Gene gemäß) nach wie vor (wenngleich verhüllt) Höhlen- und Steinzeitmenschen geblieben wären. In der Tat versichern neuzeitliche Verhaltensforscher, wir hätten sogar die Grundcharaktere vorzeitlicher Raubaffen keineswegs überwunden und auch gar nicht überwinden können, da diese Eigenschaften im unauslöschlichen Bestand unserer Vererbungsgene gespeichert wären. Nur wenn es dereinst gelänge, in unseren Gen-Bestand manipulativ einzugreifen, also die Raubaffen-Gene durch friedlichere Gene zu ersetzen, könnte man auf eine echte charakterliche Wandlung hoffen. Bis dahin sei jedoch alle moralische Erziehung lediglich Verdrängung der unauslöschlichen Aggressions- und Mordneigungen des Menschen durch »gesellschaftliche Dressur«.

Im Rahmen der biologischen Wissenschaften haben solche Erwägungen strenge Gültigkeit: Kein Tierexemplar kann aus eigener Kraft die Grenzen seiner Gattung (Vererbung) überschreiten. Lediglich von außen, durch Dressur, sind Korrekturen möglich, die jedoch die Gattungsgrundlagen keineswegs verändern, nur überkleiden. Was wir jedoch als Menschen von außen als »Dressur« an Tieren (z. B. im Zirkus) bewirken, das können wir (und darin liegt das Wunder des Menschseins) an und in uns selbst, nicht durch Dressur, sondern durch Wesensumbildung erringen. Denn allein wir Menschen (und dies, je mehr wir »Menschen« werden) verfügen über die Dimension des personhaften Geistes, der die biologischen Vererbungsgrundlagen allmählich verwandeln kann. Dazu ist jedoch eine Evolution unseres Ichs nötig, wozu ersichtlich *ein* Erdenleben nicht ausreicht. Wir müßten uns also von den lenkenden Schicksalsmächten wiederholte Erdenleben erbitten – wenn diese uns nicht (wie wir vermuten dürfen) ohnehin von Anbeginn an gewährt worden wären und durch sie allein aller »Fortschritt« erkämpft wird.[12]

Damit ist nun auch ein wirkliches Verständnis der Menschheitsgeschichte gefunden, denn die bloße Überlieferung genügt zur Erklärung des Fortschritts nicht: Das innerste Wesen jedes einzelnen Menschen muß sich vielmehr (zugleich mit der Verwandlung der kulturellen und wirtschaftlichen Verhältnisse, aber eben auch als deren Voraussetzung) entwickelt haben. Wir Europäer sind doch offensichtlich mehr als motorisierte Steinzeitmenschen oder gar Raubaffen. Das beweist nicht zuletzt unsere Jugend, die schon mit beachtlichen sittlichen Idealen ins Dasein tritt. Viele Menschen werden heute schon als Christen geboren. Sie tragen die Ideale der Brüderlichkeit und Liebe tief im Herzen, lange ehe sie später in Elternhaus und Schule davon hören. Auch das Interesse vieler heutiger Menschen an den alten Kulturen Griechenlands, Ägyptens, Sumers sowie die tiefen Erschütterungen und heimatlichen Gefühle, die alte Kunstwerke in modernen Menschen auslösen, beweisen, daß wir mit der Menschheits- und Kulturgeschichte noch in ganz anderer, intimer Weise verbunden sind als durch Überlieferung: Wir haben, jeder in seiner Weise, diese alten Kulturen selbst einst durchlebt, wir tragen die Menschheitsgeschichte im Herzen und sind eben deshalb über unsere uranfänglichen, steinzeitlichen Seelenbeschaffenheiten und Charakteranlagen durch die Entwicklung des »Ich« weit hinausgewachsen.

Von solchen Erwägungen ausgehend, hat Lessing (1729–1781) als erster neuzeitlicher Denker die wiederholten Erdenleben zu beweisen versucht. Er meint: Ist die Geschichte an der »Erziehung des Menschengeschlechts« am Werke, dann muß wohl jeder einzelne Mensch alle ihre Entwicklungsepochen durchlaufen haben – mit mehr oder weniger Einsatzbereitschaft und Erfolg, wie die großen Verschiedenheiten der heute lebenden Menschen hinsichtlich Genialität und Moralität beweisen.

An diesem Punkt mag sich nun wieder der Biologe einschalten mit der Feststellung: Das einzelne Pflanzen- und Tierexemplar entspricht im wesentlichen der Gattung. Abgesehen von geringen Gen-Abweichungen, die zumeist Schadens- oder gar Letalmutationen darstellen, herrscht hier das Gesetz der Gleichförmigkeit. Es gibt keine genialen Einzelexemplare, die sich in schöpferischer Initiative etwas Neues einfallen lassen! Vielmehr scheint schon viel gewonnen, wenn die betreffende Gattung rein erhalten wird und nicht genetischen Störfaktoren unterliegt. Selbst so menschennahe Tiere wie die Schimpansen haben sich in den Jahrzehntausenden ihrer Existenz nichts Neues einfallen lassen: Heute wie einst bauen sie allabendlich ihre Laubnester hoch oben in den Bäumen. Nur im Kontakt mit uns haben sie an schöpferischen Einfällen (z. B. sich zu rasieren) Anteil.

Es genügt demnach nicht zu sagen: Zum Unterschied der unsterblichen Gattungs-Seelen der Tiere und Pflanzen besitzt jeder einzelne Mensch eine personhafte Individualseele (ein »Ich«). Man muß vielmehr, um die menschliche Kultur- und Geistesgeschichte zu erklären, eine Entwicklung dieser Einzelseelen durch wiederholte Erdenleben voraussetzen. Im Gegensatz zur Natur-Geschichte, welche die Geschichte der Arten und Gattungen ist, ist das Wesentliche der Menschheits-Geschichte die Geschichte jedes einzelnen Menschen-Ichs. Im biologischen Sinne folgen zwar hier gleichfalls (wie bei den Tieren) Großväter, Väter, Söhne und Enkel durch das biologische Fortpflanzungsgeschehen kontinuierlich aufeinander. Geistig betrachtet, liegt jedoch eine Diskontinuität vor uns, weil jeder Mensch nach seinem Tode eine wohl Jahrhunderte währende Zeitspanne in übermateriellen Bereichen verbringt, ehe er, zumeist in anderen Familien- und Volkszusammenhängen wieder irdisch-leibliche Sichtbarkeit erlangt. In diesem höheren Sinn ist jeder von uns sein eigener Vater und Sohn, weil er jetzt erlebt, was er in früheren Erdenleben vorbereitete und jetzt vorbereitet, was er in kommenden Erdenleben sein wird.

Die moderne Naturwissenschaft ist stolz darauf, das »Entwicklungsprinzip« entdeckt zu haben. Zumeist wenden wir dieses jedoch nur auf die Arten und Gattungen, nicht jedoch auf die Individuen an. Dies wird jedoch beim Übergang vom Pflanzen- und Tierreich zum Menschen nötig, weil nur dadurch die ungeheuren Unterschiede der Begabung und Genialität der einzelnen Menschen erklärbar werden. Auf die Frage: Woher stammen Persönlichkeiten wie z. B. Sokrates oder Platon, Goethe oder Richard Wagner, scheint nämlich der Hinweis auf »Vererbung« und »Milieu« keineswegs zu genügen. Große Persönlichkeiten haben fast nie bedeutende Ahnen und bedeutende Nachkommen. Man müßte, um sie wirklich zu »erklären«, in vergangene Jahrhunderte und ferne Kulturen zurückgreifen, um ihnen dort wieder zu begegnen und die wahren Gründe für ihre Größe zu finden. Ebenso sollte man sie nicht nur als »vergangen«, sondern auch als »zukünftig« begreifen, weil sie die wahren Katalysatoren des Fortschritts sind. Der Hinweis auf »besonders günstige Genkombinationen« ist hier nur eine Flucht vor der Schwere der Probleme.

3

Von der Geburt des Gewissens

Die geistige Führung der Menschheit

Alle Naturgebilde, zumal die Tiere, stehen fest und sicher im Sein. Sie kennen keinen Zweifel, und das Wählenmüssen bleibt ihnen erspart. Ihre »Festgestelltheit« (A. Gehlen) bezieht sich *nach innen* auf ihre leiblich-seelische Organisation, die ihnen ihr jeweiliges Verhalten vorschreibt, und sie bezieht sich *nach außen* auf die ihnen gemäße Umwelt, die ihnen nur zeigt, was für sie jeweils lebenswichtig ist. Innen- und Umwelt entsprechen einander wie Schlüssel und Schloß.[13]

Wenn z. B. weibliche Schmetterlinge eine Gegend suchend überfliegen, sind für sie jeweils nur diejenigen Pflanzenarten »sichtbar«, auf denen sie ihre Eier ablegen und von denen sich später die ausschlüpfenden Räupchen ernähren. Der Reichtum einer Landschaft ist für sie wie ausgelöscht. Derart von innen (durch ihre Organisation) und von außen (durch ihre Umwelt) bestimmt, verläuft ihr Leben in gottgewollter Ordnung.

Uns Menschen jedoch ist ein zweifacher Abgrund, eine zweifache Unendlichkeit eröffnet, die wir allmählich beherrschen und in der wir uns allmählich sicher orientieren sollen: die unermeßlichen Weiten und Möglichkeiten der Welt sowie die unermeßlichen Tiefen und Widersprüchlichkeiten unserer Empfindungen, Triebe und Leidenschaften, von denen schon Heraklit (um 500 v. Chr.)

meinte: »Der Seele Grenzen kannst du nicht finden und schrittest du alle Wege ab, so tiefen Grund hat sie«, aber sogleich hinzufügt: »Ich habe mich selbst gesucht.«

Logisch ist das Unsinn, denn wie kann man suchen müssen, was man schon ist? Dieser logische Unsinn umschreibt aber das Über-Logische unserer Existenz, hinter welcher sich das Mysterium des Sollens, der Ethik und des Lebenssinnes verbirgt.

Wir sind nun zwar »Freigelassene der Schöpfung«, aber deshalb keineswegs »freigelassen« zur persönlichen Willkür (wobei wir doch nur der Spielball unserer Leidenschaften wären), vielmehr freigelassen, um dasjenige, was die Naturgebilde von Gnaden der Schöpfung in aller Vollkommenheit sind und sein müssen, aus eigener Kraft allmählich selbst zu erreichen: das volle Menschsein. Aber wie wenig davon ist von uns Menschen trotz langer Menschheitsgeschichte und vieler wiederholter Erdenleben heute schon erreicht! Offenbar ist es schwer, ein »Mensch« zu werden.

Wie die Kulturgeschichte lehrt, waren und sind wir jedoch trotz unserer »Freilassung« keineswegs »alleingelassen«. Die Schöpferkräfte nämlich, die uns beim Übergang vom Tertiär zum Diluvium und Alluvium die endgültige Menschengestalt, insbesondere die endgültige Gehirngröße und damit die Möglichkeit vernünftiger Überlegungen, gaben – diese Schöpferkräfte blieben uns auch weiterhin nahe. Nur wirkten sie nicht mehr von innen in der Ausgestaltung unserer Leiblichkeit, sondern von außen, auf dem Wege unseres allmählich erwachenden Ichbewußtseins, also in der Sphäre des Religiösen, Kultisch-Sakralen und Inspirativen. Hierbei kommt es weniger darauf an, ob wir Menschen an die Mächte einer höheren Welt »glauben« als darauf, daß diese Mächte (ob wir es wissen oder nicht) uns führen und leiten, was allerdings dadurch erleichtert würde, daß wir uns ihnen dankbar vertrauend offen halten.

In dieser Hinsicht ist nun folgendes besonders wesentlich: Den Menschen langvergangener Zeiten scheint dasjenige noch gefehlt zu haben, was wir heute persönliche Gedanken-, Handlungs- und Gewissenskontrolle nennen. Mehr oder weniger waren sie ihren wildaufrauschenden Affekten, Leidenschaften, Trieben ausgeliefert, bzw. wurden sie zwischen ungehemmter Freude und hemmungsloser Traurigkeit hin- und hergerissen. Die homerischen Helden, die Helden in den Tragödien des Aeschylos sowie im Nibelungen-Epos sind hierfür klassische Beispiele.

Da müssen also nun die lenkenden Schicksalsmächte eingreifen, um diese Menschen auf die richtige Bahn zu führen: Als Achilleus in hemmungsloser Wut aufspringen und den Heerführer Agamemnon erschlagen will (was schwerstes Unheil für die vor Troja kämpfenden Griechen bedeutet hätte), nahte sich (wie uns Homer schildert) die Göttin Pallas Athene: »Hinter ihn trat sie und griff in das goldene Haar des Peliden [Achilleus], ihm allein nur gewahr, den anderen aber verborgen. Und Achilleus erschrak, er wandte sich und erkannte der Pallas Athene leuchtende Augen.« Und auf seine Frage, warum sie komme antwortet ihm die Göttin: »Dir das Herz zu bezwingen, zu sehen ob Du gehorsam. Laß jetzt den Streit nur enden. Halt an Dich und sei uns gehorsam.« (Homer, Ilias I, 188 ff.)

Wir haben keinen Grund, solche und viele ähnliche Berichte aus alten Zeiten zu bezweifeln, zumal uns ein besonders ehrwürdiges Beispiel im Alten Testament erhalten ist: Auf dem Wege über den Volksführer Moses gibt die Volksgottheit Jahve ihrem Volk die Grundlinien sittlichen Verhaltens, die zugleich die Grundvoraussetzungen für eine allmähliche Menschwerdung darstellen: Die zehn Gebote Gottes. Ein allerhöchstes, allermenschlichstes Gebot steht hier allerdings noch aus, weil es in jenen wilden Zeiten (in denen zumeist jedes menschliche Mitgefühl noch fehlte und Gottes-Furcht allein die Menschen bändigte) kaum verstanden werden konnte: »Liebe Gott-Vater über alles, den Mitmenschen aber wie dich selbst.«[14]

Dieses Gebot überschreitet ebenso den Bereich der üblichen Sittlichkeit, wie es den Bereich menschlicher Psychologie weit hinter sich läßt. Denn dieses Gebot gehört der metaphysischen, der transzendenten Sphäre an. Es setzt voraus, daß sich der Mensch (weithinaus über sein gewöhnliches Ichbewußtsein) als unsterbliche Geistwesenheit unmittelbar erlebe, also das Sterbliche bereits abgestreift habe. Dann »glaubt« er nicht mehr nur an eine Gottheit, er »weiß« die Gottheit vielmehr als seinen eigenen Daseinsgrund und weiß ebenso alle Menschen als Kinder eines Vaters, was ihn unmittelbar zur Gottes- und Bruder-Liebe, ja letztlich erst zur wahren Selbst-Liebe führt. Denn was wir heute Selbst-Liebe nennen, ist zumeist sowohl mit der Negation der Gottheit als auch mit der Negation des Nächsten, also mit sturem Egoismus belastet.

Aber wozu Gebote? Sind wir nicht »Losgelassene der Schöpfung« und daher »frei«? Allerdings – aber frei zur Selbstverwirklichung. Und diesbezüglich ähneln wir noch den Kindern oder gar Embryonen, die der Betreuung und Führung bedürfen. Echte Führung ist jedoch keineswegs Dressur, die den Menschen eine dem Menschenwesen fremde oder gar feindliche Ideologie (wie das heute üblich ist) aufprägen und sie dadurch beherrschen möchte. Echte Führung ist eben nicht Herrschaft *über*, sondern liebevoller Dienst *am* Menschen, wodurch dieser seinem eigenen Wesen zugeführt werden soll. Hierdurch unterscheidet sich echte Erziehung von politischer Indoktrination.

In sämtlichen alten Kulturen und bei allen Naturvölkern kommt der religiösen Sphäre entscheidende Bedeutung zu.[15] Noch für die Griechen war »alles von Gottheiten und Geistern erfüllt«, die Einfluß auf den Menschen zu nehmen und ihn zu führen suchten. Die alten Sumerer schrieben ihre grundlegenden technischen Erfindungen (Pflug, Wagenrad, Töpferscheibe, Ruder etc.) nicht sich selbst, sondern den Inspirationen einer Gottheit zu. Erst sehr allmählich begann die Menschheit, dem Embryonal- oder Kindheitszustand zu entwachsen, wobei insbesondere die Möglichkeiten zur sittlichen Selbstkontrolle und zu eigenem logischem Denken wichtig wurden.

Aber auch hier mußten den Menschen einzelne Persönlichkeiten, die man fast Übermenschen nennen müßte, als Beispiele vorangehen. Die entscheidenden Ereignisse fanden nahezu gleichzeitig über weite Erdbereiche, Völkerschaften und Rassen hinweg statt. Es ist das 6. und 5. Jahrhundert vor Christo, als in China Laotse und Konfutse, in Indien Buddha, in Persien Zarathustra, in Israel die großen Propheten und in Griechenland die ersten Philosophen lehrten.

Lange vor Sigmund Freud – und in weitaus größerer Tiefendimension – hat Gautama Buddha (550–480) seine Schüler »Tiefenpsychologie« und »Psychoanalyse« gelehrt. Das Ziel war, sich durch Vergegenwärtigung und Bewußtmachung der Verhaftung (dem »Anhangen«) an die leiblich-seelischen Eigenschaften, Vorgänge und Bindungen sowie an die Gegebenheiten der Umwelt zu entziehen und dadurch schließlich die »Meeresstille« des Bewußtseins rein geistiger Existenz zu gewinnen.

Immer wieder ergeht an die Schüler die Aufforderung »zu wachen«. Denn der Mensch ist den Eindrücken der Umwelt sowie den Vorgängen seines leiblich-seelischen Innern nur so weit ausgeliefert, als er gleichsam »schläft«. Denn einem Schlafzustand vergleichbar ist der Zustand unseres gewöhnlichen Tagesbewußtseins, und eben deshalb sind wir in diesem Zustand den Gewalten unserer Um- und Innenwelt distanzlos preisgegeben. Beginnen wir aber zu erwachen, das heißt, diese Gegebenheiten (z. B. unsere Leidenschaften und Triebe) distanziert zu überschauen, verlieren sie ihre Macht, sie werden sogar komisch, und wir beginnen zu lachen. Über sich selbst lachen zu können, ist wahrer Humor, der uns von den Zwängen unserer Innen- und Außenwelt befreit.

Die uns zumeist im Wortlaut erhaltenen Unterweisungen Buddhas können auch für uns moderne Menschen (sofern wir die nötige Geduld aufbringen) wertvoll sein. Denn Buddha lehrt nicht nur, er realisiert, was er lehrt.[16]

Über religiös-metaphysische Fragen hat sich Buddha nicht geäußert, obgleich die Geisteswelten wohl gewiß vor seinem Seherauge standen. Aber er wollte die Menschen dazu führen, zu Selbst-Kontrolleuren ihres Denkens, Fühlens und Wollens zu werden und dadurch eine *heteronome,* den Menschen von *außen* durch eine Gottheit befohlene, Ethik in eine *autonome* Ethik zu transformieren, in welcher die Menschen sich Kraft ihres Gewissens die sittlichen Gebote selbst geben. Selbstbeherrschung und Sittlichkeit sollten hinfort die Menschen deshalb üben, weil Unbeherrschtheit und Unsittlichkeit die Klarheit der Seele trüben und ebenso lächerlich wie unmenschlich sind. Allerdings sollte die Befreiung des Menschen von den Zwangsgewalten der Innen- und Außenwelt (nach dem Willen Buddhas) lediglich der Abkehr vom Erdendasein, der Verhinderung der Wiedergeburt, also dem Aufgehen im Nirwana dienen, weil Buddha den Sinn des »Kreuzes« für die Vollendung der Menschwerdung noch nicht zu erkennen vermochte.

Diese Erkenntnis wurde uns Menschen erst durch Jesus Christus gelehrt und – *vorgelebt.* Die »Imitatio Christi«, die »Nachfolge Christi«, ist seither neben den Errungenschaften der griechischen Philosophie und des römischen Rechtes ein Hauptschulungsweg für den »Freigelassenen der Schöpfung« zur Erlangung des vollen Menschseins.

Buddhistische Bilder zeigen uns den großen Buddha in der Mitte, in unerschütterlicher innerer Ruhe und Schönheit, aber umgeben von den fürchterlichsten Dämonengestalten, die ihn aus der Ruhe bringen und ins Untermenschliche herabreißen möchten. Es sind die Wahrbilder der den gewöhnlichen Menschen erfüllenden Triebe und Leidenschaften, denen er zumeist ich-los ausgeliefert ist. Er glaubt dann, im Ausleben dieser Leidenschaften ganz »frei« und ganz »er selbst« zu sein, während sein Leben lediglich der Schauplatz untermenschlicher Gewalten ist. In der meditativen Betrachtung solcher Bilder konnten dann viele Menschen »tiefenpsychologische Aufklärung« über sich selbst sowie in der Gestalt des Buddha ein Vor- und Zielbild ihres eigenen Strebens finden.

In anderer Weise war die meditative Versenkung in die christlichen Bildwerke des »Gekreuzigten« und »Auferstandenen« (wohl am großartigsten realisiert im Isenheimer Altar des Meisters Grünewald in Colmar) den Menschen in der Bewältigung ihres Erdenschicksals und in der Erweckung und Auferstehung ihres Geistwesens behilflich. Heute leben wir zumeist ohne solche Belehrungs- und Erweckungshilfen, weil »Religion« durch »marxistische Gesellschaftskritik« und durch die Hoffnung auf ein »sozialistisches Paradies« ersetzt wurde.

Besondere Beachtung verdienen die Erziehungswege, die den Menschen zur Erweckung und Erstarkung seines *selbständigen Gewissens* hinführen sollten. Goethe nennt es »die Sonne unseres Sitten-Tages«. Der noch-gewissenlose Mensch alter Zeiten, der lediglich in Gottes-Furcht die Sittengebote erfüllte, lebte also noch »vor Sonnenaufgang« im Finstern. Pflanzen und Tiere benötigen kein »Gewissen«, weil sie naturgemäß das Richtige tun. Die Menschen ferner Vergangenheiten brauchten zwar ein Gewissen, um menschlich leben zu können, es mußte ihnen jedoch von außen eingepflanzt werden. In diesem Sinne ist Jahve das *»Gewissen«* des Israeliten und Pallas Athene das *»Gewissen«* des Achilleus, als dieser in blinder Wut losschlagen wollte, aber rechtzeitig einhielt.

In den Tragödien des Aeschylos (525–456) kommt das Gewissen an den Muttermörder Orestes in Gestalt der Erinnyen aus der geistigen Außenwelt heran, um ihn zu peinigen. Er versucht zu fliehen, weil er noch nicht weiß, daß man den Gewissensbissen der Schicksalsgerechtigkeit nicht entrinnen kann, daß sie uns überall hin verfolgen.

Heute kann der entwickelte Mensch die »Stimme des Gewissens«, vor der man nicht fliehen kann, in sich selbst vernehmen.

Gewissensbisse zerren insbesondere am zentralen Schicksals- und Gewissensorgan des Menschen, am Herzen, was der folgende Fall aus dem Gebiet der psychosomatischen Medizin verdeutlichen möge: Die Geschäfte eines 46jährigen Industriellen gehen glänzend, nicht zuletzt deshalb, weil er, neben anderen Arbeitern, eine große Zahl junger Mädchen beschäftigt, die zwar dem Tarif entsprechend honoriert werden, im Hinblick auf ihren gesundheitlichen Zustand aber doch unterbezahlt sind. Eines Tages entdeckt er, daß er Angst hat, die Arbeitssäle zu betreten. Tags zuvor hatte er vom Fenster seines Zimmers aus die Mädchen die Fabrik verlassen sehen, wobei ihm deren Blässe aufgefallen war.

Vierzehn Tage später hatte er, nach einem besonders guten Geschäftsabschluß, einen Angsttraum, den er sich nicht zu deuten vermochte. Am nächsten Morgen wachte er mit heftigen Herzbeschwerden auf und wurde einige Tage später in die Universitätsklinik aufgenommen. Diagnose: erhebliche organische Herzfunktionsstörungen. Auch das Elektrokardiogramm deutete auf einen schweren Herzschaden. Die therapeutischen Maßnahmen blieben ohne sichtbaren Erfolg. Nach vierzehn Tagen wachte er eines Nachts auf, nahm sein Notizbuch und errechnete für sämtliche Arbeiterinnen wesentliche Lohnerhöhungen. Von diesem Augenblick an begann er zu gesunden und konnte nach weiteren Wochen die Klinik geheilt verlassen.[17]

Man erkennt: Das Schicksal vollzieht die Korrektur und den Ausgleich, wenn der Mensch von der Idee des

Menschseins abweicht. Versteht er (wie in unserem Beispiel) diese Korrektur und wandelt sich entsprechend, so wird er gerettet, andernfalls stirbt er. Das Abweichen oder gar das Widerstreben gegenüber der göttlichen Weltenlenkung nannten die Griechen Frevel, Hybris. Freveln kann nur der Mensch, weil nur er im Besitz eines personhaften Geistwesens ist, das (als Freigelassener der Schöpfung) dem Gottheitswillen widerstreben und dadurch zugleich vom Ideal des Menschseins abweichen kann.

Der durch Dionysos in seinem Ich erweckte Mensch ist zunächst der entfesselte, der rasende Mensch, weil er die ihm geschenkte Freiheit noch nicht gestalten, die aufbrausenden Leidenschaften noch nicht beherrschen kann. So muß die Schicksalsgerechtigkeit diejenige Weltenordnung wieder herstellen, die durch das Verhalten der Menschen gestört wurde. Die Schicksalsgerechtigkeit erscheint in Form selbstbereiteten Leidens oder gar selbstbereiteten Untergangs. Der höchste Grad des Frevels ist die bewußte Auflehnung gegen die göttliche Weltenordnung, der Schicksalstrotz, der willentliche Untergang.

Dies schildert uns Aeschylos in seiner Tragödie *Kampf der Sieben um Theben*. Es sind die beiden Söhne des Ödipus, Eteokles und Polyneikes, die um die Königsherrschaft kämpfen und eher selbst zu sterben oder den Bruder zu töten bereit sind, als sich zu versöhnen. So kann nur der Tod die heillose Situation menschlicher Verstocktheit heilen.

Antigone und Ismene, die Schwestern der beiden Brüder, verkünden den Schicksalsspruch:

»Schlagend Geschlagener – Tötender, bist nun selber dahin!
Mit dem Speer trafst du – Durch den Speer starbst du!
Unwill brachtest du – Unbill littest du!
Tot liegst du – Tod gabst du!«

In ähnlicher Weise resignierend, endet das *Nibelungenlied*. Auch hier ist es die ungebändigte Wildheit des »Ich-bin«, die Probleme schafft, die (scheinbar) nur der Tod zu lösen vermag:

»Da war der Helden Herrlichkeit hingelegt im Tod.
Die Leute hatten alle Jammer und Not.
Mit Leiden ward beendet des Königs Lustbarkeit,
Wie immer Leid die Freude am letzten Ende verleiht.«

Es war ein langer Entwicklungsweg des menschlichen Ichbewußtseins nötig, bis als einziger Ausweg aus tragischen Situationen nicht mehr das Töten und Getötetwerden, sondern die Selbstverwandlung, das innere »Stirb und Werde« der menschlichen Individualität erscheinen konnte. Solches hat Goethe in seiner *Iphigenie* gestaltet. Meisterhaft wird hier zunächst eine Situation geschildert, in welcher die scheinbar berechtigten Egoismen der Beteiligten in scheinbar auswegloser Weise aufeinanderprallen. Nur Töten und Getötetwerden, nur Betrügen und Betrogenwerden erscheinen möglich, wenigstens solange man die äußeren Verhältnisse berücksichtigt. – Es gibt aber auch einen Weg nach innen, einen Weg der Einkehr und Selbstüberwindung. Der wahre Feind ist dann nicht mehr der andere, sondern das eigene hartherzige und leidenschaftserfüllte Ich-bin. Vollzieht sich dann hier ein inneres »Stirb und Werde« (wie in Goethes Drama), so erübrigen sich die äußeren Katastrophen. Die äußere, weithin sichtbare Tragödie wird durch eine innere, unsichtbare, aber ins Wesen eingreifende Tragödie ersetzt. Der äußere Friede kann nur auf dem Wege des inneren Friedens, des Herzensfriedens, erreicht werden, d.h. wenn wir »uns selbst überwinden«.

4

Wessen wir bedürfen

Der »Freigelassene der Schöpfung«

Wenn Homer die Charaktere seiner Helden schildert, vergleicht er sie mit wilden Stieren, Löwen, Ebern. Denn bis hin zu den eiszeitlichen Höhlenmalereien Südfrankreichs und Nordspaniens sucht der Mensch im Hinblick auf die ihm nahestehenden Tiere, sich selbst zu begreifen. Die Tierwesen um sich her, mit denen er um sein Leben kämpfen muß, erscheinen ihm den Seelenkräften in ihm selbst verwandt, mit denen er gleichfalls kämpfen muß, um sich im Menschsein zu behaupten, wobei er alsbald (mit Heraklit) begreift: »Die Herzensleidenschaften zu dämpfen, ist mühevoll.« Bis hinüber zu den Wappen und Schilden der mittelalterlichen Ritter haben Tiergestalten diese ambivalente Bedeutung.

Zugleich aber versucht der Grieche über diese »Tierschicht«, wie sie unsere Kulturhistoriker nennen, hinauszuwachsen und die vollmenschliche Gestalt zu gewinnen – zunächst in der Plastik, alsbald aber auch, mit Sokrates, in der inneren Seelenverfassung. In Zeiten politischer Unruhen und allgemeiner Auflösung der alten sittlich-religiösen Ordnungen versucht nämlich Sokrates, den Einzelmenschen auf sich selbst zu stellen. Er appelliert an die »Vernunft« im weitesten Sinne: an die Vernunft im Wissen und an die Vernunft im sittlichen Verhalten. Denn er ist davon überzeugt, auch Tugend sei lehrbar.

Da wir hier vor den Grundproblemen der Pädagogik stehen, sei zunächst (zur Gewinnung einer sicheren Ausgangsposition) an biologische Tatsachen erinnert: Zur »Sonderstellung« des Menschen gehört, nach Portmann, die Tatsache, daß der Mensch weder als Nestflüchter (wie z. B. Affen, Rinder, Pferde) noch als Nesthocker (wie z. B. Hunde und Katzen), sondern als geheimnisvolle Zwischenform geboren wird. Er ist nämlich insofern *Nesthocker*, als er als hilfloser Säugling geboren wird und einige Jahre benötigt, um sich einigermaßen in der Umwelt frei bewegen und handeln zu können. Es ist aber insofern auch *Nestflüchter*, als er nicht (wie Hunde oder Katzen) mit verschlossenen, sondern mit *offenen Sinnen* ins Dasein tritt und sogleich mit großer Energie und Aufmerksamkeit sehend und hörend, tastend, greifend und alsbald auch sprechend die Nah-Welt sich erobert und sich auf die Fern-Welt vorbereitet.

In Summa: Im Vergleich zu den ihm nächststehenden Säugetieren ist der Mensch in jeder Hinsicht ein »Spätling«. Spät, mit starker Verzögerung erscheint er als Menschheit auf Erden, spät, mit starker Verzögerung wechselt er als Individuum die Zähne, spät erringt er seine volle Körpergröße. Ein Spätling ist er aber auch hinsichtlich seines Sterbens, denn im Vergleich zu den ihm nächststehenden Säugetieren erreicht er typischerweise (das heißt, wenn nicht besondere Schicksalsgründe dagegenstehen) ein ungewöhnlich hohes Alter.[18]

Oder anders ausgedrückt: Nur er allein hat eine echte, als Eigenwert sich darstellende Kindheit und Jugend, sowie ein echtes, als Eigenwert sich darstellendes Alter und Greisentum. Die Tiere haben und brauchen es nicht. Denn sie sind Gattungswesen, keine Personalitäten. Gattungswesen eilen so rasch wie möglich zum Vollerwachsensein, also zur Fortpflanzung, und sie eilen, ist ihr genügt, so rasch wie möglich zum Untergang. Denn nur das zeugungsfähige Einzelwesen hat im Hinblick auf die Existenz der Gattung selbst Existenzberechtigung. Daher sterben viele Tiere unmittelbar nach der Fortpflanzung. Tiere brauchen auch nichts zu lernen, denn was sie zum Leben benötigen, bringen sie in ihrer leiblich-seelischen Konstitution bereits »angeboren« mit. Daher benötigen sie keine wahre Kindheit und Jugend. Sie gewinnen auch keine Altersweisheit, aus der sie große Kulturwerke schöpfen, weshalb es sinnlos wäre, ihr Leben über die Zeugungsphase hinaus zu verlängern.

Kurz: nicht einmal unsere nächsten und menschenähnlichsten Verwandten, die Schimpansen, benötigen einen »Sokrates«, damit dieser sich der Jugend annehme, um in ihr zu erwecken, was nur im Menschen erweckbar ist. Denn schon gleich nach der Geburt hält sich der nestflüchtige, körperlich perfekt entwickelte Schimpanse sicher am Fell der Mutter fest und schwingt mit ihr von Ast zu Ast. Sokratische Bemühungen wären hier fehl am Platz.

Wohl aber sind wir Menschen zu allen Zeiten (wenngleich in verschiedener Art) »sokratischer« Erziehungs- und Erweckungsbemühungen bedürftig, wenngleich es nicht immer ein Sokrates selbst, wohl aber vom sokratischen Geist (unbewußt) erfüllte Mütter und Väter, Lehrer und Professoren sein können. Denn niemand hat deutlicher als Sokrates erkannt: Erziehung, Bildung, Unterricht ist in keiner Weise Dressur oder politische Indoktrinierung, durch die Kinder und Jugendliche den bestehenden sozialen, wirtschaftlichen und kulturellen

Verhältnissen »angepaßt« werden sollen. Selbstverständlich muß die kommende Generation in die bestehenden Verhältnisse hineinwachsen, und sie will dies auch. Aber »Anpassung« ist ein von außen gesteuerter Prozeß, der die Menschen auch nur äußerlich ergreift und daher mit »Dressur« verwandt ist. Die Kunststücke, die wir Zirkustieren beibringen, haben mit deren Eigenwesen nichts zu tun. Was diese Tiere ihrem Eigenwesen gemäß wirklich »interessiert«, ist die »Belohnung« durch den Dompteur, die sich in Nahrung ausdrückt.

Paradoxerweise hat man neuerdings (z. B. der Amerikaner Skinner) eine solche Verfahrensweise auch für den schulischen Unterricht befürwortet: Durch Strafen und Belohnungen solle man die Kinder »motivieren«, den »Lehrstoff« aufzunehmen und »sich in die Gesellschaft zu integrieren«. Die ungeheuerliche Voraussetzung hierbei ist, daß den Kindern (ebenso wie den Ratten) der Inhalt des von ihnen zu »Lernenden«, also die »Wahrheit« als solche, gleichgültig und nur die Reaktion der Erwachsenen darauf (Lohn oder Strafe) wichtig ist. In verwandter Weise hatte schon der englische Philosoph Herbert Spencer (1820–1903) den Sinn des Lernens, z. B. in der Mathematik, mit deren praktischer Nützlichkeit begründet, und im angloamerikanischen »Pragmatismus« wird weithin »Wahrheit« mit praktischer »Brauchbarkeit« gleichgesetzt. Demnach wären Unterricht und Erziehung nichts anderes als Konditionierungen für das spätere Berufs- und Sozialleben, und der Satz »Der Mensch lebt nicht vom Brot allein« wäre falsch.

Wenn Jesus Christus sich selbst *die* »Wahrheit« und *das* »Leben« sowie die von ihm ausstrahlenden und den Menschen in Gestalt des Altarsakraments hingegebenen

Opfer- und Liebeskräfte die »Wahre Speise« und den »Wahren Trank« nennt, so betreten wir damit einen Bereich, der weit jenseits der biologischen Nützlichkeiten und Notdürfte liegt. Es ist das »Ewige Leben«, das uns durch die wiederholten Erdentode und Erdengeburten geleitet und das wir unser wahres Ich-bin nennen. Um dieser Wahrheit willen sind Menschen wie Sokrates freudig in den Tod gegangen. An den Bedürfnissen dieses Ich-bin haben sich alle wahren erzieherischen Bemühungen letztlich auszurichten. Deshalb läßt sich der Mensch (zum Unterschied von den Tieren) in seiner Kindheit und Jugend so viel »Zeit«. Deshalb verbleibt sein Leib (im Vergleich zu dem der Tiere) so lange unverhärtet, modellierfähig, in gewisser Hinsicht embryonal.

Hierbei sind die ersten drei Lebensjahre die kostbarsten. Hier werden Stehen und Gehen, Sprechen und Denken sowie die Keime des Weltvertrauens und des Gewissens als Manifestationen des Ichs geübt und gewonnen. Was in diesen Jahren (z. B. durch fehlende Nestwärme und menschliche Zuwendung) versäumt wurde, ist später kaum nachzuholen, weil dann die Leibesorganisation schon zu verhärtet ist.[19]

Sokrates stand wohl als erster vor der Frage: Wie gelangt der Mensch zu sich selbst und zur Wahrheit, und inwiefern kann und muß ihm hierbei geholfen werden? Könnte sie ihm allein von außen geschenkt werden, so müßte sie ihm fremd bleiben, und er wüßte mit ihr nichts anzufangen. Also kann sie ihm nur gegeben werden, weil er sie zwar schon besitzt, in gewissem Sinne sogar »ist«, aber doch erst durch erzieherischen Beistand voll erwirbt. Der Lehrer ist also »Geburtshelfer«. Sokrates und Platon deuten sich dieses logische Paradoxon folgendermaßen: Im vorgeburtlichen Geistdasein hat jeder Mensch die Wahrheit zwar schon geschaut, dann aber, als Folge seiner Verkörperung in einem Erdenleib, wieder vergessen, so daß er sie nun erst mit erzieherischer Hilfe wiedergewinnen kann. Deshalb sei alles Lernen »Wiedererinnerung« (Anamnesis).

Halten wir uns von solchen mythischen Entkleidungen fern, so können wir mit Aristoteles sagen: Weil der Mensch (als »Mikro-Kosmos«) das grundsätzliche Vermögen zur Welterkenntnis besitzt, also Mathematik und Astronomie ebenso wie Physik, Biologie und Geschichte treiben kann, deshalb ist die menschliche Seele »gleichsam alles«. Diese Universalität ist jedoch so lange bloße Möglichkeit, als der Mensch nicht im tatsächlichen Bemühen um die Erkenntnis der verschiedenen Welt- und Seinsbereiche zugleich auch die verschiedenen Seiten seiner Seele erweckt, betätigt, verwirklicht. Goethe meinte, jeder neue Gegenstand sei (recht beschaut) geeignet, eine ihm entsprechende neue Seite am erkennenden Subjekt zu erwecken und auszubilden.

Welt-Erkenntnis ist demnach kein überflüssiger Lebensluxus, den sich nur (wie uns Marx versichert) eine bourgeoise Oberschicht auf Kosten der ausgebeuteten Volksmassen gestatten könne. Sie ist vielmehr zugleich Selbsterkenntnis, Selbstverwirklichung, Selbsterwekkung, also *eine lebensnotwendige Angelegenheit aller Menschen um ihres Menschseins willen.* Nur ein Primitivling kann sagen: Erst das Essen, dann die Moral – und damit auch die Wahrheit als »unpraktischen Lebensluxus« disqualifizieren. Zwar vermögen wir vorübergehend ohne Wahrheit, ohne Gewissen, ohne Ethik physisch animalisch zu existieren (besser zu vegetieren). Auf die

Dauer aber werden wir (wie uns die psychosomatische Medizin versichert) krank. Denn uns fehlen die »Vitamine höherer Ordnung«, die man Wahrheit, Gewissen und Sittlichkeit nennt. Die Verzweiflung unserer Jugend ist Ausdruck dieser *»Avitaminose«*.

Wahrheit (und sei sie auch nur elementarster mathematischer Art) ist also Trank und Speise für unser Ich, stärkt es und führt es hinüber ins Ewige Leben – wenn sie nicht, nach Skinnerschen Prinzipien, den Heranwachsenden nur »eingebläut«, sondern von ihnen in echt sokratischer Weise vollzogen wird. Daher hat allem Unterrichten die Erweckung des »Hungers« vorherzugehen. Unverbildete Kinder bringen diesen Hunger, diese Neugier, dieses Wissen-, Denken- und Begreifen-Wollen von Geburt an mit – wenn es nicht frühzeitig durch die gegenwärtigen Erziehungsmethoden gelähmt und verschüttet wird.

Im übrigen vergesse man nicht: »Fertige Wahrheiten ›lähmen‹, und allzufrühes Aufrufen des eigenen Verstandes ›verdummt‹ auf die Dauer. Das Entscheidende ist das ›Staunen‹, das ›Thaumazein‹ der Griechen, das alsbald in ›Anbetung‹ übergehen kann. Das allein hält jung bis ins hohe Alter.«

5

Erkenntnis und Liebe

Von den Wurzeln der Aggressivität

Probleme der Gewalttätigkeit, des Verbrechens, der Aggression stehen heute im Mittelpunkt soziologisch-psychologischer Erwägungen.[20] Seit wir jedoch eine »Wohlstandskriminalität« haben und Jugendliche aus besten wirtschaftlichen Verhältnissen zu Verbrechern werden, ist die These von der »Armut als Wurzel des Verbrechens« erledigt. Niemand war, trotz Armut und Unterdrückung, dem Verbrechen ferner als der altrussische Bauer, weil er im Hinschauen auf den Gekreuzigten die Kraft fand, sein Geschick in würdiger Weise zu tragen. Selbst heute und unter den unvergleichlich stärkeren Unterdrückungen und Indoktrinierungen seitens der »Roten Zaren« kann Solschenizyn von seinem Volk behaupten: »Unsere Seelen haben sie nicht bekommen!« – und er bringt in seinem *Archipel Gulag* Beweise, wie selbst (oder, wie er meint, gerade) unter den entwürdigendsten Verhältnissen stalinistischer Arbeitslager echte Menschlichkeit gedeihen und sich sogar vollenden könne.

Sowohl Not als auch Überfluß, sowohl Unterdrükkung als auch Verwöhnung können die »Bestie im Menschen« dann enthemmen, wenn der Mensch den Zusammenhang mit der Gottvater-Welt, also wahre Demut und Frommheit einbüßt. Man muß das »Verwahrlosung«

nennen und offen lassen, inwieweit sie oft mehr in den gehobenen Wohlstandskreisen als sonst gedeiht. Unsere Jugendlichen, die später auf Abwege gerieten, hatten jedenfalls alles nur Wünschbare, nur oftmals eines nicht: elterliche Zuwendung und Eröffnung eines Lebens-Sinnes. So waren sie jenen ideologischen Indoktrinierungen wehrlos ausgesetzt, die ihnen verhießen, man könne und solle für »mehr Menschlichkeit« mit den Mitteln des Raubes und Mordes kämpfen. Daher erweist sich die Erkenntnis Dostojewskis nach wie vor als gültig.: »Wenn es keinen Gott gibt, ist alles erlaubt.«

Wir mögen also noch so sehr um menschliche Wohlfahrt besorgt sein – wenn wir nicht fähig sind, von frühester Kindheit an das »Ewige im Menschen« zu erwecken und in Demut auf die Vatergottheit hin zu orientieren, so werden wir der Bestialität kaum Herr werden können. Denn wahrhaft »beten« (nicht bitten) zu können, ist ein Adelsprädikat unseres Menschseins, das uns auch in größten Notzeiten (wie z. B. in Konzentrationslagern) aufzurichten vermag.

Als »Freigelassene der Schöpfung« sind wir nämlich nicht etwa (wie wir heute hören) durch »Gesellschaftliche Verhältnisse« oder gar durch den »Kapitalismus« gefährdet, sondern in erster Linie gefährdet durch uns selbst. Hier liegen die Abgründe des Bösen – stets bereit, uns zu überwältigen und uns und andere unglücklich zu machen. Das ist keine leere Behauptung, das läßt sich naturwissenschaftlich beweisen: Jedes Lebewesen muß, um sich zu erhalten, aggressiv werden, das heißt, in seine Umwelt hinausgreifen, um sich aus ihr zu ernähren: Die Pflanzen erobern sich Erdboden, Wasser, Luft und Licht, die Tiere müssen sogar anderes Leben zerstören, um sich am Leben zu erhalten. Das ist der unvermeidliche und primäre Egoismus, den auch soziale Tiere erfüllen müssen. Denn um z. B. Eier legen, Junge ausbrüten und füttern zu können, muß zuallererst der Muttervogel sich selbst ernähren und zu diesem Zweck töten. Dies gilt auch auf höchster – auf menschlicher – Ebene.

Diese Aggressions- und Vernichtungsprozesse vollziehen sich ebenso bei Schafen wie bei Wölfen. In beiden Fällen muß die Nahrung (letztlich fremdes Leben) im Munde zerkaut, eingespeichelt und im Magen-Darm-Kanal verdaut, d.h. weiter zerstört und getötet werden, um hernach dem Aufbau des eigenen Leibes zu dienen. Schwerpunkt dieses Vernichtungszentrums ist bei Schafen und Wölfen ebenso wie Menschen: Magen, Leber, Gallenblase, Dünndarm, Pankreas. Hier sind wir alle vom Standpunkt des Chemikers »Zerstörer«.

Alles kommt nun aber darauf an, ob diese Zerstörungsprozesse dort verbleiben, wo sie hingehören oder ob sie, sich gleichsam losreißend, aus dem Unterleib aufsteigen und im äußeren Verhalten zu Tage treten. Diese Kräfte der Verdauung sind bei Pflanzenfressern (wie z. B. Schafen) aus chemischen Gründen sogar noch stärker als bei Fleischfressern (wie z. B. Wölfen). Dennoch halten wir Schafe für »friedlich«, Wölfe für »aggressiv«, weil bei letzteren die Zerstörungskräfte äußerlich sichtbarer sind als bei ersteren. Giftschlangen gelten als besonders »böse«, weil hier die Verdauungssäfte (der Speichel) nicht im Leibesinneren verbleiben, sondern, zu Gift verwandelt, beim Biß in die Blutbahn des Opfers eingespritzt werden. Bei den Spinnen leisten diese Gifte sogar eine Art Vorverdauung im Organismus des Opfers, wodurch die Resorption erleichtert wird.

Nun gibt es neben dem primären, aggressiven Egoismus der Ernährung (der bei Raub- und Friedtieren lediglich in verschiedenem Grade nach außen sichtbar wird) auch ebenso primäre soziale Hilfeleistungen. Diese wurzeln jedoch nicht in wahrer Liebe, weil sie sich nur auf das jeweils »Zugehörige« beziehen. Das mag durch folgende Erwägungen verdeutlicht werden:

Ein Stück eigener Haut, irgendeiner Körperstelle entnommen und einer anderen eingepflanzt (implantiert), heilt klaglos ein, denn es gehört zum eigenen »Selbst«. Gewebe anderer Menschen (wenn sie nicht eineiige Zwillinge sind) werden zurückgewiesen und abgestoßen, denn sie sind »Nicht-Selbst«. Aus ähnlichen Gründen treten wir bei Streitigkeiten für die eigenen Kinder gegenüber fremden Kindern ein. Sogar Hundegebell wird von uns oft anders empfunden, wenn es von eigenen oder fremden Hunden stammt. Seit alters stehen uns Volksgenossen näher als Fremde. Im einzelnen Fall entscheidet die Frage: »Was betrachten wir als zu unserem (erweiterten) Selbst gehörig, was als »fremd«.

Ähnliches gilt auch im gesamten Tierreich: Eine Henne vertreibt fremde Küken, wenn es nicht durch besondere Verfahren gelingt, diese als ihre eigenen zu qualifizieren. Dies gelingt z. B. dem Kuckuck, wenn er sein Ei in ein anderes Nest legt und das betreffende Vogelpaar den gefräßigen Fremdling mit dem Aufwand aller Kräfte großfüttert, sich zugleich aber um die eigenen Jungen, die der große Fremdling aus dem Nest hinausgeworfen hat, in keiner Weise kümmert. Dem gleichen Gesetz folgt die Amselmutter, wenn sie ihr flügges Junges nur bis zu einer genau festgelegten Altersstufe füttert, hernach aber wie einen Fremdling von der Nahrungsquelle vertreibt.

Aber dies ist ebensowenig »Grausamkeit« als jenes »Liebe«.

Wir sehen: Aufopfernde Fürsorge für das zum eigenen »Selbst« Gehörige ist verbunden mit absoluter Blindheit für die Not aller anderen. In hohem Grade gilt dieses Naturgesetz auch für uns Menschen – wenn wir es nicht aus ganz anderen, gleichsam übernatürlichen Voraussetzungen durchbrechen. Wahre Liebe wird erst dort keimhaft sichtbar, wo die Beziehungen zum eigenen erweiterten »Selbst« gänzlich hinschwinden und »Interesse«, »Teilnahme«, »Fürsorge« universal werden. Doch das ist ein äußerster, alle »Natur« überschreitender Grenzfall, den wir nur für einen Augenblick erreichen können. Denn er erfordert ein Selbst-Transzendieren, das wie ein Wunder aus einer anderen Welt in unser, von biologischem Egoismus geprägtes, düsteres Erdendasein hineinleuchtet.

Vorbereitet wird aber dieses »Wunder« durch etwas, was man zunächst keineswegs mit Selbstlosigkeit und Liebe in Verbindung bringen möchte – durch die Erkenntnis. Goethe meinte: »Die Tiere (und weite Bereiche des Menschseins) kümmern sich nur um dasjenige, was »behagt«, also im weitesten Sinne eßbar, brauchbar, genießbar ist. Die Menschen jedoch konnten sich allmählich zu demjenigen erheben, was *»ist«* und dies als eine gleichsam göttliche, alles Natürliche transzendierende Fähigkeit ansehen. Derselbe Goethe meinte auch, man könne nur dasjenige wahrhaft *erkennen,* was man *liebe.*

Aber was hat die sachliche Erkenntnis, z. B. eines Zoologen, mit Liebe zu tun? Vieles, vielleicht alles! Denn er studiert die Tiere ohne Zu- oder Abneigung, ohne sie zu begehren oder zu fliehen, aber auch ohne Gleichgültigkeit. Er *schenkt* ihnen vielmehr seine selbstlose Aufmerksamkeit, seine hingegebene Teilnahme – und diese Haltungen sind im Grunde bereits Liebe, die wie ein Licht aus einer anderen Welt das von Begehren und Fliehen, Sympathien und Antipathien, Fressen und Gefressenwerden verdunkelte Erdendasein erleuchtet. So blickte wohl auch die schaffende Gottheit auf ihre Geschöpfe und erfand sie, der Idee entsprechend, »gut«. Auf höchster Ebene bedarf dieser sachlichen, von allen Sympathien und Antipathien freien Teilnahme der Arzt, wenn er sich einem Kranken zuwendet, dessen Symptome zumeist alles andere als sympathisch sind.

Mit Recht sagen wir, daß wir jemandem oder einer Sache Aufmerksamkeit, Teilnahme oder gar (um das heute so mißbrauchte Wort doch zu gebrauchen) Liebe »schenken«. Um aber schenken zu können, muß man innerlich »reich« sein, einen Überschuß besitzen, über den kein Tier verfügt, weil es in der Natur nur Fliehen, Begehren oder Gleichgültigkeit gibt. Um aber schenken zu können, muß auch in uns Menschen alles schweigen, was, gleichsam von unten, aus dem leiblich-seelischen Bereich der Sympathien und Antipathien aufsteigt. In besonderem Grade ist es wichtig, dafür zu sorgen, daß die biologisch unverzichtbaren Zerstörungskräfte von Magen-Darm-Kanal, Leber, Galle, Pankreas dort bleiben, wo sie hingehören und sich nicht in unser Denken, Fühlen, Wollen und Tun eindrängen.

Je nach unserem körperlichen Befinden und unserer Seelenstimmung gelingt dies leichter oder schwerer. Bei Hunger, Körperschwäche, Verdauungsbeschwerden und Krankheiten leidet zumeist unser soziales Verhalten: Wir sind ungeduldig, reizbar, aggressiv und »spucken« nur allzugerne mit unseren Worten auch »Gift und Galle« gegen unsere Mitmenschen. Bei Homer heißt es: »Wehe – welche Worte sind dem Gehege deiner Zähne entflohen!« Wer aber seinen »Bruder« beschimpft, der begeht (wie wir in den Evangelien lesen) bereits einen Mord. Man muß also den Anfängen wehren und frühzeitig Selbstkontrolle üben, damit wir nicht die Herrschaft über uns selbst verlieren.

Ist das möglich? Naturgesetzlich nicht, denn da lebt jedes Wesen seiner Beschaffenheit gemäß mit Notwendigkeit. Man kann Tiere nicht vor Gericht ziehen. Nur wenn wir Menschen die Natur überschreiten und außer unserer Leib-Seele-Einheit (dem niedrigen Ich) ein davon unabhängiges höheres Ich besitzen.

Für Freud ist dieses Ich jedoch nur Ausdruck für die kulturellen Werte und Sittengebote, also für etwas dem Menschen Äußerliches und Fremdes. Daher kann er der Meinung sein, »Kultur« mache krank, weil sie uns zwinge, unsere Triebe und Leidenschaften zu verdrängen, statt sie auszuleben. Der Urmensch sei daher (meint Freud) gesund und glücklich gewesen, weil Krankheit und Unglück erst durch die »Kultur« in unser Dasein eingezogen seien.[21]

Zu Zeiten Freuds mögen die moralischen Verlogenheiten und sexuellen Verdrängungen im Mittelpunkt neurotischer Störungen gestanden und auf dem Wege der Bewußtmachung geheilt worden sein. Heute jedoch scheinen es eher die Hemmungslosigkeiten zu sein, wodurch Menschen verunsichert und neurotisch werden. Wenn man Zusammenkünfte veranstaltet, bei denen die Teilnehmer unter psychologischer Leitung sich selbst möglichst enthemmen und einander Grobheiten an den

Kopf werfen sollen, nur mit dem Ziel, aufgestaute Aggressionen abzureagieren, so werden auch hier, nach vorübergehenden Erleichterungen, ernste Komplikationen die späteren Folgen sein. Denn sowohl hemmungsloses Ausleben als auch verkrampftes Verdrängen weichen vom Menschen-Maß ab und machen schließlich unglücklich und krank. Wir wissen, daß z. B. ein hemmungsloser Zornausbruch sowohl aus hormonalen als auch aus moralischen Gründen den betreffenden Menschen alsbald geschwächt und unzufrieden zurückläßt.

Heilsam und auf die Dauer gesundend ist allein die innere, gleichsam »alchymistische« Verwandlung der Triebe und Affekte durch die Kräfte gedanklicher Besonnenheit, die von unserem wahren Ich ausstrahlen können. Vermag man sich über seine Triebe, Leidenschaften und Affekte zu erheben, ihnen mit überlegener Ruhe zuzuschauen und schließlich über sich selbst zu lachen, dann schwinden sie, ohne erst gewaltsam verdrängt werden zu müssen, allmählich dahin. Alles nicht Voll-Menschliche ist irgendwie »komisch«. Daher wirken auch die Tiergestalten mit ihren Mäulern, Schnauzen, Rüsseln und ihrem besinnungslosen Triebgehabe (wenn man sie am Maßstab des menschlichen Antlitzes und Hauptes mißt) »komisch«. Darauf beruht auch die Wirkung menschlicher Karikaturen.

Statt zu lächeln, könnte man aber auch weinen, angesichts der Triebhaftigkeit, die über dem Tierreich waltet und erst mit dem Erscheinen des Menschen ihre Befreiung und Erlösung findet – wenn es diesem gelingt, das animalische Reich in sich selbst zu erkennen und zu überwinden. In diesem Sinne sprach Paulus vom »ängstlichen Harren der Kreatur auf die Kinder Gottes«.

Die Tier-Menschbeziehungen sind ein zentrales Thema von Märchen und Sagen: Die Menschengestalt verwandelt sich in die von Tieren, wenn der Mensch sich von seinen Trieben und Affekten hinreißen läßt und dadurch in die Tiergestalt »verzaubert« wird. Umgekehrt gelten bisweilen Tiere als verzauberte Menschen, denen ihre wahre Gestalt erst durch die entsühnende Kraft eines besonders begnadeten und reinen Menschen wiedergegeben werden kann.[22]

Die Tiergestalten an den Wasserspeiern, an den Beichtstühlen sowie am Chorgestühl romanischer und gotischer Kirchen verweisen den Christen auf das viele Unmenschliche in den Untergründen seines eigenen Wesens. Schlangen, Kröten, Eidechsen, Affen, Drachen stehen in besonderer Beziehung zu den Kräften des menschlichen Unterleibes. Teuflische Gestalten besitzen bisweilen dort ein verzerrtes Antlitz, wo (als Gegenpol zum menschlichen Gesicht und um die Perversion des Menschseins durch das Böse anzudeuten) normalerweise der Ausscheidungspol des Körpers liegt.

Wir halten das heute zumeist für Ausgeburten menschlicher Phantasie, es deuten sich darin aber doch bedeutsame Realitäten an. Der Münchner Chemiker L. Staudenmaier schildert in seinem Buch *Magie als experimentelle Naturwissenschaft* (1922) eigenartige Selbstversuche. Im Bestreben, sich in sich selbst, genauer in die Innerlichkeit seiner leiblich-seelischen Organisation, noch genauer, in seinen Unterleib, zu versenken, mußte er alsbald erkennen, daß er sich (unwissend über die hier bestehenden Gefahren) mit sehr realen Kräften und Wesen eingelassen hatte, die ihm schließlich visionär in untermenschlichen Gestalten sichtbar und in wüsten

Schimpfreden hörbar wurden. Sie waren bestrebt, sich seines Ichs (repräsentiert durch die Besonnenheit des Hauptes) zu bemächtigen und ihn zu sich selbst hinunterzuziehen. Eine dieser »Gestalten« rief ihm zu: Morden und Quälen ist Lust! Ähnliches schildern uns mittelalterliche Mystiker, wenn es ihnen gelang, gleichsam in den »Keller« ihrer Organisation hellseherisch hinabzublicken und dort verschiedenes »Gewürm« zu sehen. Die Versuchungen des Heiligen Antonius weisen in dieselbe Richtung.[23] Wenn demnach heute die Menschen glauben, in Zornanfällen oder Wutausbrüchen ganz »sie selbst« zu sein, und sich sogar noch ihrer angeblichen »Stärke« rühmen, so durchschauen sie eben nicht, von welchen Kräften sie in sehr realem Sinne »besessen« sind.[24]

Damit sind wir zum Ausgangspunkt dieses Kapitels zurückgekehrt: Die aus den Notwendigkeiten von Ernährung und Stoffwechsel resultierenden Zerstörungs- und Aggressionstendenzen aller Lebewesen werden bei den Tieren durch entsprechende Instinkte geordnet. Sie sind (ob Lamm oder Wolf, ob Taube oder Falke, ob Skorpion oder Schmetterling) in Gottes-Hand, also schuldenfrei. Als »Freigelassene der Schöpfung« sind jedoch wir Menschen uns selbst gegenüber gleichsam an die Stelle der Gottheit getreten. Wir haben uns also zwar selbst zu ordnen. sind jedoch keineswegs *verlassen*, weil auf den Wegen inspirierter, gottbegnadeter Menschen die geistigen Welten nicht aufhörten, uns zu lehren und zu leiten. Dadurch konnten sich im Laufe vieler Erdenleben zwar einerseits unsere Seelen- und Charaktereigenschaften allmählich veredeln, es scheinen aber auch andererseits im Laufe ebensolcher wiederholter Erdenleben die Kräfte des Satanisch-Bösen in manchen Menschen zu hohen Graden entwickelt worden zu sein. Jedenfalls können weder »Vererbung« noch »Milieu« die *Genialitäten* im Guten oder Bösen, im Heilenden oder Zerstörenden verständlich machen, die wir, besonders in unserem Jahrhundert, bei einzelnen Menschen beobachteten. Wie hierbei Licht und Finsternis unmittelbar nebeneinander wohnen, zeigt Solschenizyns *Archipel Gulag*. Dieselben unmenschlichen Verhältnisse setzen in einem die Bestialität, im anderen die Heiligkeit gleichsam frei, wodurch sich die Grenzen der Soziologie zeigen und wir unmittelbar das Gebiet der Meta-Physik und Meta-Psychologie betreten.

6
Vom Wesen der Erziehung

Sokrates

Aggressionen auf den verschiedensten Ebenen gab es wohl von jeher. Heute machen sie sich aber deshalb besonders bemerkbar, weil nach dem Wegfallen altüberlieferter, ehrfurchtgebietender sittlich-religiöser Formen der nunmehr führungslos gewordene Einzelmensch stärker hervortritt, zugleich aber heute, mehr als jemals, primär ichbezogen, also Egoist ist. Dieser Egoismus wird vom heutigen Versorgungs- und Wohlfahrtsstaat sowie von den parlamentarischen Parteien insofern noch gefördert, als man (nicht zuletzt im Hinblick auf die Wahlen) die Menschen primär auf ihre Rechte, kaum auf ihre Pflichten verweist.

In manchen Hinsichten ähnelt unser Zeitalter dem des Sokrates (470-399). Dem unvermeidlichen Chaos durch die Emanzipation des Einzel-Ichs wollte er dadurch begegnen, daß er dieses Einzel-Ich durch Besonnenheit (Sophrosyne) zur gedanklichen und sittlichen Selbstkontrolle und damit zur wahren Freiheit führte. Dies versuchte er (wie später sein Schüler Platon), durch Fragen zu erreichen, die insofern Hebammen-Wirkungen haben sollten, als sie das unsterbliche Geisteszentrum des Menschen, das wahre Ich, erweckten und entwickelten. Daher wurde er von den Anwälten der überlieferten Ordnung der Gottlosigkeit und Irreführung der Jugend angeklagt und zum Tode verurteilt. Man hätte ihn aus verschiedenen Gründen gerne begnadigt und aus Athen verbannt, er aber antwortete, statt demütig um Verzeihung zu bitten:

»Wenn ihr mich freilaßt unter der Bedingung, meine bisherige Wirksamkeit aufzugeben, so werde ich das keinesfalls tun, und sollte ich noch so oft sterben. Denn so befiehlt es der Gott. Und ich glaube, daß noch niemals ein größeres Gut dem Staate widerfahren ist als der Dienst, den ich dem Gotte leiste. Denn nichts anderes tue ich, als daß ich umhergehe, um jung und alt unter euch zu überreden, ja nicht für Leib, Besitz, Ehre und Ansehen zu sorgen, sondern allein für die Seele.« Es gereicht dem athenischen Richterkollegium jedoch zur Ehre, daß Sokrates, trotz dieser Herausforderung, nur mit wenigen Mehrheitsstimmen verurteilt wurde.[25]

So wird verständlich, daß Sokrates die letzten Stunden seines Lebens zu seinen Schülern über die Unsterblichkeit der Seele sprach. Die Seele sei dann fähig, Weltwahrheiten zu erkennen, wenn sie im Denken ganz bei sich selbst und insofern unabhängig vom Körper sei. Das reine Denken verleihe uns die Gewißheit, den Tod des Leibes zu überdauern. Auch wir heute können dem beipflichten, denn ob wir gesund oder krank, hungrig oder satt, müde oder frisch, schmerzbehaftet oder schmerzlos sind: Mathematische Wahrheiten bleiben davon unberührt, was beweist, daß wir sie letztlich nicht mit unserem materiellen Körper, sondern mit unserer Seele denken, und hierbei das Gehirn nicht als Erzeuger, sondern als Spiegel zum Bewußtwerden unserer Gedanken fungiert.

Vor dem Tode aber brauche er, Sokrates, wie er seinen

Schülern versicherte, keinerlei Angst zu haben. Denn wer sich um reine Erkenntnis, also um die Wirklichkeit der Seele bemühe, der sterbe während des ganzen Lebens und müsse sich insofern vom Leibe unabhängig halten. Leibfreiheit, also das Sterben, erstrebe zeitlebens der wahre Philo-*Soph*. Hingegen sei ein dem Körper und seinen Trieben verhafteter Mensch als ein Philo-*Som* (griech. Soma = Leib) zeit seines Lebens gleichsam ein Toter.

An diesem Punkt hat dann Platon in seinem Spätwerk, dem *Timaios,* angeknüpft, indem er von der Dreigliederung des menschlichen Organismus ausging, also das Denken mit dem Haupte, die heroischen Leidenschaften mit der Brust und die animalischen Triebe mit dem Unterleib in Beziehung brachte. Im besonderen verherrlicht er das auf dem Rumpfe thronende Haupt, das in seiner Rundung ein Abbild des Himmelsgewölbes darstelle und sich in seinem Denken den Weltengedanken verähnlichen könne und solle. Aus der denkenden Kraft des Hauptes könne sich der Mensch in den leidvollsten und schwierigsten Lebenslagen »aufrichten« und, »wie an einem Seile sich haltend«, wahre Orientierungssicherheit gewinnen. Von hier aus sei es ihm auch möglich, die Kräfte der Brust und des Unterleibes zu beherrschen. Dies (und nicht einen physischen Vorgang) meinte später Aristoteles mit der Behauptung, das Gehirn sei dazu da, das Blut »abzukühlen«.

Die Leidenschaften der Brust und die Triebe des Unterleibes verdunkeln und verfälschen uns durch ihre Sympathien und Antipathien den Ausblick auf Welt und Mitmenschen. Die Gedanken des Hauptes hingegen machen uns frei, um umherblicken und allem Seienden das Licht der selbstlosen Aufmerksamkeit, Teilnahme und (wenn es glückt) Liebe zu schenken. Sokrates war wohl einer der ersten, der dies erkannte und es mit seinem Tode besiegelte, weshalb man ihn einst Vorläufer Jesu Christi nannte.

Adolf Portmann[26] hat uns darauf aufmerksam gemacht: Je höher ein Wirbeltier im System stehe, desto mehr distanziere sich sein Kopf vom übrigen Körper. Bei Fischen, Schlangen, Eidechsen, aber auch noch bei Mäusen und Wölfen bildet der Kopf, mehr oder weniger mit dem Rumpf eng verwachsen, lediglich das Vorderende des Körpers, so wie dessen Hinterende durch den Schwanz repräsentiert wird. Bei den höchststehenden Säugetieren, bei Rindern und besonders Pferden (und das, je edler sie sind) ist der Kopf durch einen langen Hals vom Rumpf abgesondert und bereitet so das »Thronen« des menschlichen Hauptes auf den Schultern vor. Das Haupt wird zum Geistes- und Ich-Träger. Es ist das »Regierende«, das wahrhaft »Königliche« – dies allerdings erst dann, wenn es der Sitz eines durch viele Erdenleben gereiften hochentwickelten Ich-bin ist. Dann trägt es zu Recht eine Krone, wobei jedoch das materielle Gebilde nur dasjenige symbolisieren soll, was als unsichtbare geistige »Aura« oder »Heiligenschein« das Haupt überstrahlt.[27]

Ein seherisch Begabter hätte sicherlich eine solche Geisteskrone das Haupt des Sokrates überstrahlen sehen. Kraft dieser Erleuchtung und Überleuchtung besaß er die Fähigkeit, gleich einer Hebamme die menschlichen Seelen zur Geist-Geburt zu führen. Neben Pythagoras war er der erste große Pädagoge, getragen von der Überzeugung, die Tugend sei lehrbar.

Hochgelehrte Symposien beschäftigen sich heute mit der Frage »Hat die Religion Zukunft?«[28] oder auch »Brauchen wir noch Religion?«. Die Antwort hängt davon ab, wie wir uns selbst einschätzen. Betrachten wir uns als bloße Lebewesen wie die Tiere, so brauchen wir ersichtlich Religion ebensowenig wie Physik, Chemie und Biologie. Denn die Tiere kommen sehr gut ohne diese Erkenntnisse aus, obgleich sie mit größter Sicherheit die Prinzipien der Physik, Chemie, Biologie praktisch handhaben. Auch unser Magen verdaut (falls er gesund ist) die Nahrung, ohne jemals physiologische Chemie studiert zu haben. So wird auch unser Leibesleben ähnlich dem der Pflanzen und Tiere durch die Kräfte einer höheren Welt (die wir zusammenfassend »Gott« nennen) gnadenvoll erhalten, auch wenn wir die Wirklichkeit dieser Geisteswelt hochfahrend ignorieren. Die Realität einer Gottheit und ihrer weisheitsvoll gültigen Vorsehung hängt nicht davon ab, ob wir Menschen »Religion« haben oder nicht. Die Tiere leben auch ohne Religion, obgleich sie einer höheren Welt ihr Dasein verdanken. Niemand wird ihnen das verübeln, daß sie sich nicht um physikalische, chemische oder biologische Erkenntnisse bemühen.

Aber diese »Bedürfnislosigkeit« taugt doch wohl nicht für uns Menschen. Unsere anderen und höheren Ansprüche (die Marx strikt leugnet) bekunden sich schon dadurch, daß wir »Sprache« haben, die sich von tierischer Zeichen- und Lautgebung grundsätzlich unterscheidet.[29]

Sprache, mit Denken innig verbunden, ermöglicht, ja verpflichtet uns, nach dem Was, Warum, Woher, Wohin und Wozu des Seienden zu fragen, also im weitesten Sinne »Wissenschaft« zu treiben. Wir aber setzen heute das »Wissen« um die Atome dem bloßen »Glauben« an eine höhere Welt und an eine unsterbliche Seele entgegen. Früheren Zeiten war dieser Gegensatz unbekannt, ja das Wissen um die Realität einer Gottheit und einer Seele war sowohl für Pythagoras wie für Sokrates weitaus gewisser als das Wissen um die damals noch kaum bekannten »Atome«. Ebensoviel näher standen aber Sokrates und Pythagoras dem wahren Wesen des Menschen und ebensoviel besser konnten sie (im Gegensatz zu vielen heutigen Pädagogen) dasjenige handhaben, was man »Erziehung« nennt.

Sokrates hat nichts Schriftliches hinterlassen und wohl auch nichts geschrieben. Als echter Weiser war er wie vor ihm Pythagoras Lebenspraktiker, Seelenerwecker, Esoteriker, also letztlich ein priesterlicher Mensch. In diesem Sinne soll Pythagoras erst diejenigen seiner Schüler zum engeren Kreise zugelassen haben, die sich ein sicheres Wissen um ihre früheren Erdenleben, also um ihr wahres Geistwesen erworben hatten. In diese Richtung wird wohl auch Sokrates gezielt haben, wenn er vor seinen Richtern bekundete, er habe sich ausschließlich um die Erweckung der menschlichen Seelen bekümmert und dies durch pädagogisch gezielte Fragen zu erreichen versucht. Solch erweckendes Fragen (und keineswegs abstrakt-intellektuelle Belehrungen) meinte Sokrates wohl auch, wenn er die »Tugend«, also das »Gute«, für lehr- und lernbar hielt.

Sokrates widmete sich nur heranwachsenden »Jünglingen«. Wie man sich Kleinkindern gegenüber zu verhalten hat, müssen wir selbst zu finden suchen, wenn wir uns die Frage vorlegen: Was *braucht* ein Neugeborener, ein Kleinkind und schließlich ein Schulkind? Ein Neugeborener benötigt die Seelen-Wärme der mütterlichen Umarmung und das Geistes-Licht des mütterlichen Blickens und Lächelns. Je mehr ihm hier Geistig-Seelisches zustrahlt, desto leichter wird er sich von den vorgeburtlichen Geisteswelten abkehren und sich dem Erdendasein zuwenden können. Deshalb muß dann auch weiterhin in der frühen Kindheit das Religiöse (in Form von Erzählungen, Märchen, Mythen, vor allem aber in Form von Gebeten) im Zentrum der Erziehung stehen. Denn das Göttlich-Geistige (für uns Erwachsene heute fern und zweifelhaft) ist im Kleinkind noch als mächtige Erinnerung an einst Geschautes und Erlebtes (Platon!) wirksam. Intellektuell zu »verstehen« gibt es da nichts. Um so tiefer wirken die Eindrücke, wenn ein Kind vor goldschimmernden Altären kniet und unverstandene Gebete murmelt. Staunen, Ehrfurcht, Frommheit gegenüber dem Erhabenen in der Welt und in ihm selbst – das sind die großen Erzieher zur Vollmenschlichkeit auf dieser Entwicklungsstufe!

Wenn dann die Kinder danach fragen, »woher« sie kommen, müßte man an dasjenige anknüpfen, was sie als dumpfe aber mächtige Erinnerung an ihr vorkonzeptionelles Dasein noch in sich tragen. Statt ihnen aber (mythologisch-märchenhaft gesprochen) vom »Himmel« und vom »Himmelsvater« als ihrem wahren Herkommen zu erzählen, berichtet man (stolz auf das eigene bessere Wissen!) vom mütterlichen Ei und vom männlichen Samen. Dann *lachen* natürlich die Kinder (unbewußt und verborgen) darüber, daß die Erwachsenen solchen Unsinn glauben, und sie *ärgern* sich (unbewußt und verborgen) darüber, daß man ihnen solchen Unsinn weismachen will. Der weitere Anspruch der Eltern, die

»Erzeuger« ihrer Kinder zu sein, überschattet dann das ganze Familienleben und ist die tiefere Ursache aller kindlichen und jugendlichen Revolten. Man will sich an den Eltern rächen und ihnen beweisen, daß man sehr wohl ein eigenständiges Geistwesen und nicht nur das Produkt der elterlichen Sexualität ist. Diese Ignorierung des wahren Menschenwesens setzt sich dann später in anderen Formen in der Schule fort.

Moderne Erzieher fordern – und solche Forderungen liegen z. B. den neuen »Hessischen Rahmenrichtlinien« zugrunde – :

1. Nur was Kinder verstünden, dürfe an sie herangetragen werden.
2. Allen Unterrichtsgegenständen sei die gesellschaftliche bzw. politische Relevanz zugrunde zu legen.
3. Demokratieverständnis und Mitbestimmungswilligkeit seien zu fördern.[30]

Aber verstehen wir Erwachsene alles? Was wir selbst erdachten und verfertigten, also unsere Werkzeuge und Maschinen, das allerdings verstehen wir, aber das bedeutet uns eben deshalb für unser wahres Menschsein wenig oder nichts. Aber verstehen wir die Natur? Die Schmetterlinge und Käfer, die Rosen und Lilien? Oder bedeuten sie uns nicht eben deshalb soviel, weil sie, als Offenbarungen einer hohen Geisteswelt, von uns bewundert, bestaunt oder gar (wenn wir das heute noch vermögen) gleichsam angebetet werden können? Ist es in der wahren Kunst nicht ebenso? Was an einem Kunstwerk (Malerei, Musik, Dichtung) intellektuell begreiflich und formulierbar ist, das ist uninteressant und bringt uns nicht weiter, aber das Unbegreifliche, Geistig-Wesenhafte ist es, das uns erschüttert, reinigt, vermenschlicht!

Asiatische Weise haben seit alters in dieser Art unterrichtet und erzogen. Durch meditative Versenkung in besondere Bilder, Sprüche, Zeichen sollte die Seele des Schülers erweckt (gleichsam eingeweiht) werden. Intellektuell zu »verstehen« gab es bei diesen »Mantren« ebensowenig wie bei der Betrachtung von Rosen und Lilien. Auch der Schulungsweg Rudolf Steiners[31] weist in diese Richtung. Schließlich sind auch die großen Gebete des Christentums über ihren geistigen Gehalt hinaus durch Klang und Komposition, also »mantrisch« wirksam.

Voraussetzung ist jedoch überall »Schweigsamkeit« – keineswegs nur äußere, sondern auch innere, das heißt Seelenruhe, Meeresstille des Gemütes, innerer Friede, verbunden mit maximaler Konzentration, Wachheit, Hingabe. Dann erst können uns sowohl Naturgebilde (Rosen und Lilien) als auch hohe Kunstwerke, mantrische Sprüche und christliche Gebete etwas offenbaren. Geschwätzigkeit und klügelnde Betätigung unseres Intellektes hingegen verderben alles. Denn sie erzeugen ebenso wie ungebändigte Triebe und Leidenschaften einen »Seelen-Lärm«, welcher der Seelen-Stille, die jeder wahren Erkenntnis vorhergehen muß, feindlich ist.

Eben das aber wird heute an vielen Schulen praktiziert. Man ruft Affekte, Interessen, Neid- und Haßgefühle auf und züchtet unreifes Diskutieren und überhebliches Schwätzen. Denn man will ja nicht Seelen erwecken und bilden, sondern Seelen beherrschen, um sie durch ideologische Dressur für den »Umsturz der Gesellschaftlichen Verhältnisse« brauchbar zu machen. Aber man erzielt dadurch, wie sich inzwischen zeigte, nicht selbstsichere opferbereite und soziale Charaktere, sondern Schwächlinge, die zutiefst am Sinn des Lebens zweifeln.

Das Gegenteil von frühzeitiger ideologischer Indoktrination praktizieren diejenigen Erzieher, die aus Angst, die Kinder ja nur nicht zu beeinflussen und auf bestimmte Werte festzulegen, antiautoritäre Kindergärten einrichten, bzw. als Eltern ihren Kindern wohl alle Wünsche erfüllen, sich aber weiterhin um sie nicht kümmern. Aber man weiß heute, daß in antiautoritären Kindergärten die Kinder nicht nur seelisch, sondern sogar leiblich verkümmern und mangelnde autoritäre Führung in den Familien die Jugend zur Revolte aufruft. Weil sie alles, was sie wollen, auch dürfen, wollen sie nunmehr testen, ob es überhaupt Grenzen ihrer Willkür gibt.

Solches Verhalten ist jedoch Ausdruck einer elementaren Sehnsucht nach liebevoller Weisung, Beratung, Führung, Autorität. Denn nur wer in Kindheit und Jugend gehorchen lernte, kann später sich selbst befehlen und andere menschenwürdig leiten. Die Jugendrevolten erstreben demnach keineswegs ein »Mehr an Freiheit«, sie erstreben Werte, Ziele und Führung, weil man im Chaos der Willkür und der Leidenschaften als Mensch leiblich-seelisch-geistig verkommt. Das ist uns heute nach vielen Jahren des Irrtums zur neuen und zugleich uralten Einsicht herangereift.

7

Vom Geheimnis des Bösen

Physische und moralische Weltordnung

Die Konfrontation mit dem Bösen bleibt den Pflanzen und Tieren erspart. Sie sind nicht »Freigelassene der Schöpfung« und daher auch nicht für ihr Verhalten verantwortlich. Erst uns Menschen eröffnen sich die »Abgründe des Seins«. Erst für uns gibt es neben dem Gesunden und Kranken, dem Schönen und Häßlichen, dem Wahren und Falschen, dem Sein und dem Nichts *das Gute und das Böse*. Führende Persönlichkeiten und ganze Kulturen haben sich zum Problem des »Bösen« in ganz verschiedenem Sinne geäußert, wobei es entscheidend war, ob der Schwerpunkt mehr auf der Erkenntnis- oder der Willens-Seite lag.

Wer wie die Griechen (man denke an Platon und Plotin), aber auch manche christliche Denker (z. B. Thomas von Aquin) den Schwerpunkt des menschlichen Daseins in der Erkenntnis, im Denken, also in der »Idee« sieht, wird das Böse anders bestimmen als derjenige (wie z. B. die alten Israeliten und die alten Perser), der den Schwerpunkt des menschlichen Daseins in den Willen verlegt.

Vom Standpunkt der Idee ist das Böse mit dem Häßlichen, Mißgebildeten, Kranken, letztlich mit dem Irrtum verwandt. Der böse Mensch ist den Verwirrungen seiner Leidenschaft und Triebe sowie den Einflüssen der chaotischen Materie ausgesetzt, weshalb er das Wahre (die Idee) nicht zu erkennen und nicht entsprechend zu handeln vermag. Thomas von Aquin geht so weit zu sagen, auch der Übeltäter erstrebe eigentlich das Gute, er irre sich jedoch in der Beurteilung und sehe im Negativen ein Positives. Wer in diesem Sinne der Kraft der Erkenntnis, der Ideenschau vertraut, muß auch hoffen, auf dem Wege der Belehrung das Böse ebenso bekämpfen zu können wie den Irrtum oder auch (auf anderer Ebene) das Häßliche, Mißgebildete und Kranke.

Total anders und weitaus schwieriger gestaltet sich die Beurteilung des »Bösen« vom Gesichtspunkt des Willens. Mit dem Willen bricht ein irrationaler Faktor in die Weltbetrachtung und ins menschliche Geschehen ein. Wer nämlich willentlich das Böse tut, wird durchaus verneinen, er sehe irrtümlicherweise im Bösen ein Gutes. Nein! Er wird das Böse als ein Widervernünftiges, ja als Wider-Menschliches und Wider-Göttliches bewußt wollen. Nicht aus Schwäche oder Unkenntnis weicht der böse Wille von der Weltordnung ab, er tritt ihr vielmehr als bewußter Vernichtungsfaktor entgegen.

Im zweiten Teil von Goethes *Faust* begegnet uns diese Macht in der Gestalt der »kalten Teufelsfaust«, des Mephistopheles als dem Vertreter der Verneinung. Wir hatten aber auch in unserem Jahrhundert genügend Gelegenheit, eine Form des Bösen zu sehen, die keineswegs bloßem Erkenntnisirrtum und mangelnder Weisheit, vielmehr dem satanischen Vernichtungswillen selbst entsprang. Hinsichtlich solcher Ereignisse pflegte das russische Volk (stärker als der europäische Westen dem Esoterischen aufgeschlossen) von den Manifestationen des »Antichrist« zu sprechen. Noch radikaler war das alte

Persien, wo selbst Zarathustra (um 500 v. Chr.) eine zweifache Urgottheit, eine lichte und eine finstere verkündete und sowohl jeden Einzelmenschen als die ganze Menschheitsgeschichte in den Kampf dieser beiden Mächte hineinstellte. Der Perser Mani (215–276) hat diese Lehre vorübergehend zum Rang einer Weltreligion erhoben, die zwar in Europa erbittert bekämpft wurde, doch tiefgreifende Spuren hinterließ.[32]

In diesen letzten Fragen können und wollen wir nichts entscheiden, wohl aber auf die offenbare Rolle des »Negativen« hinweisen, die sich überall im Menschenbereich bekundet: Im Medizinischen als »Krankheit« und »Mißbildung«, im Sprachlichen als »Lüge«, im Künstlerischen als das »Häßliche« und im Bereich der Sittlichkeit als das »Böse«. Hierbei kann man das Böse (die »Sünde«) ebensowohl »krank« und »häßlich« wie umgekehrt das Kranke und Mißgebildete »böse« nennen. Gleicherweise erscheinen dann Schönheit, Wahrheit, Gesundheit und Güte miteinander an der Wurzel verbunden.

Solange man (mit Descartes, Leibniz und Kant) das Reich der Natur (»Physik«) dem Reich der Seele (»Ethik«) entgegensetzt und jegliche Brücken zwischen dem Materiellen und Geistigen verneint, muß man den Ausgleich für das von Menschen begangene Böse in den Bereich der nachtodlichen göttlichen Gerechtigkeit (also ins »Jenseits«) verlegen. Seit wir jedoch eine psychosomatische und soziosomatische Medizin und Krankheitslehre besitzen, wissen wir, daß Geist und Materie, Seele und Leib nicht getrennten Seinsbereichen zugehören, sondern in vielfachen und innigen kausalen Wechselwirkungen stehen, es also nicht nur eine himmlische, sondern gar sehr auch schon eine irdische Gerechtigkeit gibt.

Darauf verweist uns schon die Sprache, wenn sie von »Haß« und »häßlich« spricht. Haß und alle ähnlichen Seelenstimmungen verzerren aber nicht nur vorübergehend unser Antlitz und machen es häßlich, sie wirken tiefer und machen uns allmählich krank (z. B. Magengeschwüre, Gallenbeschwerden).

Aber es bleibt nicht bei dieser »ausgleichenden Gerechtigkeit«. Denn die Verdauungsbeschwerden wirken nun auf unser Seelenleben zurück und erzeugen zunächst verstärkt seelische Gereiztheit, Übellaunigkeit, Aggressivität mit allen ihren persönlichen und sozialen Folgen, wodurch schließlich auch das Krankheitsgeschehen erneut verstärkt wird. Ein solcher Circulus vitiosus müßte schließlich zur Katastrophe führen, wenn der betreffende Mensch nicht zur Selbstbesinnung und Gewissenskontrolle hinfände und ihm hierbei das Heilbemühen eines Arztes, verbunden mit Psychoanalyse beistünde. Dann kann aus einem Circulus vitiosus und letalis ein Circulus vitalis und spiritualis, also eine Art geistiger »Auferstehung« werden, und die Krankheit, die zunächst bloß als gerechte Strafe erscheint, führte auf Umwegen zu einem sittlich-charakterlichen Heilungsprozeß.

Ebenso, wie viele körperliche Krankheiten und Beschwerden in unseren Charakterfehlern und Übeltaten wurzeln, so scheint in manchen Fällen auch dasjenige, was uns von außen als »Schicksal« begegnet, keineswegs »zufälliges Ungemach«, sondern sehr wohl auch Folgeerscheinung unserer negativen seelisch-sittlichen Beschaffenheit zu sein: Statistische Erhebungen innerhalb großer Transportunternehmungen in den USA ergaben, daß ein großer Teil der Straßenunfälle von nur 5% der Fahrer verschuldet worden war, also eine kleine Gruppe von Fahrern jeweils mehrfach in Unfälle verwickelt war. Es fand sich, daß diese Fahrer auch sonst »negativ« waren: mehrfache Scheidungen, Konflikte mit Kollegen, Unregelmäßigkeiten im Dienst etc. Man sieht: Das unbereinigte Seeleninnere spiegelt sich in unbereinigten Ereignissen, z. B. in Unfällen.[33] Es scheint sogar Menschen zu geben, die scheinbar ohne eigenes Verschulden, also in sehr geheimnisvoller Weise »Mißgeschick« anziehen. Napoleon wollte daher ausschließlich Menschen mit »Fortüne« um sich haben.

Dies führt uns hinüber zu jenen Fällen, welche die Moraltheologen zu allen Zeiten deshalb besonders beschäftigten, weil sie Zweifel an der schon im Diesseits wirkenden göttlichen Gerechtigkeit zu erregen schienen: Der *Unhold*, der trotzdem gesund, erfolgreich und glücklich ein hohes Alter erreicht und der von Geburt an kränkliche, erfolglose, einem frühen Tode zueilende *Gute und Edle*. Da scheinen ersichtlich die eben skizzierten psycho-somatischen Zusammenhänge zwischen »Sünde und Krankheit« nicht zu bestehen. Aber wie weiter?

Die Bibel gibt auf diese Problematik zwei Antworten: In der Erzählung vom »reichen Mann und vom armen Lazarus« vollzieht sich der Ausgleich im nachtodlichen Dasein: Der eine leidet im Fegefeuer, der andere genießt himmlische Seligkeit. Im Buch »Hiob« wird die Frage des Menschen nach dem Warum göttlicher Schickung mit dem Hinweis auf die unermeßliche Größe der Gottheit und die Nichtigkeit des Menschen einfach zurückgewiesen. Obgleich Hiob sich keiner Schuld bewußt ist, wird er doch von der Gottheit schwersten Verlusten, Bedrükkungen und Schmerzen ausgesetzt, ohne Aufschluß über das »Warum« oder »Wozu« zu erhalten.

Befriedigendere Aufschlüsse hinsichtlich des Warum menschlicher Schicksale erhalten wir im Grimmschen Märchen *Frau Holle*. Hier werden uns (obgleich verhüllt) zwei aufeinanderfolgende, aber durch ein Zwischendasein in der Geisteswelt getrennte Erdenleben zweier Mädchen geschildert: eines fleißig und dienstbereit, das andere faul und selbstsüchtig. Beide scheiden aus dem Erdendasein und erwachen auf einer »Himmelswiese«. Auch gegenüber den Aufgaben dieser neuen Geisteswelt verhalten sie sich verschieden, bis sie schließlich, von der Sehnsucht nach »Hause« getrieben, durch das »Tor« der Geburt ein Erdendasein wieder betreten, jedoch als Folge ihres sittlichen Verhaltens mit »Gold« begnadet bzw. mit »Pech« belastet werden.

In der Tat: Die Tatsache, oder wenn man lieber will, die Hypothese der wiederholten Erdenleben könnte uns eine befriedigende Antwort auf die Frage geben.: Warum dem einen dieses, dem anderen jenes Schicksal (schon durch die Tatsache der Geburt in bestimmten sozialen Schichten und mit verschiedener Erbsubstanz begabt oder belastet) zuteil wird und insbesondere, warum er (ohne daran scheinbar selbst schuld zu sein) als »Glückspilz« oder als »Pechvogel« durch das Leben gehen muß.

Die Tatsache (scheinbar) unverschuldeter Leiden und (scheinbar) ungesühnter Verbrechen sowie überhaupt die unbestreitbare Macht des Bösen in dieser Welt haben zu allen Zeiten das Problem der »Theodizee«, also die Frage entstehen lassen: Warum läßt Gott dies zu? Wie kommt das Böse in eine Welt, die doch, wie wir hören, die Schöpfung einer guten und weisen Gottheit ist? Die

Antwort, die der führende Theologe des abendländischen Christentums, Thomas von Aquin (1225–1274), darauf gibt, kann uns in keiner Weise befriedigen. Er meint nämlich, eine aus Gutem und Bösem gemischte Welt sei der Allmacht Gottes gemäßer, also vollkommener, als eine Welt, die nur Gutes umschließe. Aber auch die Antwort, das Böse und Leidvolle fördere die Entwicklung des Guten, weil der Mensch an Widerständen reifen und wachsen könne, will uns angesichts des Übermaßes an Leid, dessen Zeugen wir waren, kaum befriedigen. Es bleibt also ein Rest, den wir schweigend ehren wollen.

Irgendwie müssen allerdings Leiden, Krankheiten, Unglücksfälle, Häßliches, Irrtumverhaftetes und Böses mit der Freiheit des Menschen in Zusammenhang stehen. Denn als »Freigelassene der Schöpfung« und als »Mangelwesen« besitzen wir Menschen nicht schon (wie Tiere und Pflanzen) das vollkommene Sein, sondern sind erst unterwegs zu uns selbst. Warum das so ist, müssen wir als letzte Tatsache anerkennen. Jedenfalls sind mit diesem »Unterwegs-Sein« die Möglichkeiten des Abirrens gegeben. Es muß jedem einzelnen überlassen bleiben, ob er, trotz aller Leiden und Irrwege, die Möglichkeiten seines Menschseins bejaht oder lieber wünscht, »nie geboren« oder nie geschaffen worden zu sein.

Was aber jeweils bei unserem Unterwegs-Sein errungen oder verfehlt werden kann, das zeigen uns die großen Heiligen und Weisen sowie die großen Übeltäter und Toren. Keines von beidem kann man in einem einzigen Erdenleben erreichen. Auch der Steinzeitmensch war wohl noch nicht zum großen Heiligen oder Verbrecher herangereift. Besondere Genkombinationen sind gleichfalls dazu unfähig, den großen Genius im Negativen oder

Positiven zu erzeugen. Beide, der Heilige und der Unhold, gehören nicht mehr der »Natur« an.

Beide sind persönliche Geistwesenheiten oder unsterbliche gotteskindschaftliche Seelen, die in fernen Urzeiten als bloße (mit relativer Freiheit ausgestattete) »Keime« von der Gottheit erschaffen wurden, um sich allmählich, im Laufe vieler wiederholter Erdenleben zur Höhe genialer Heiligkeit und Liebe bzw. zum Abgrund genialer Bosheit und Zerstörungslust zu entwickeln.

Hier scheint sich jedoch ein Widerspruch zu den früher genannten psycho-somatischen Gesetzen zu ergeben.

Wenn nämlich das Böse (im weitesten Sinne) schließlich krank, unglücklich, erfolglos macht, um durch die damit verbundenen Leiden den Menschen auf seine fehlerhaften Charaktereigenschaften aufmerksam zu machen und ihn dadurch zum Guten zurückzuführen – wie ist es dann möglich, daß ein Mensch sich im satanisch Bösen verhärtet und dennoch am Leben bleibt und unbeschadet seiner weiteren Übeltaten wiederholte Erdenleben durchlaufen und sich in ihnen weiter im Bösen perfektionieren kann? Wird er da aus der normalen göttlichen Gerechtigkeit entlassen und einer geheimnisvollen Gegenmacht übergeben, die ihn nun weiterhin betreut, aber zugleich als ihren Sklaven betrachtet? In früheren Zeiten hat man dies »Verkauf seiner Seele an den Satan« genannt.

Von diesem allen ist bei Marx und seinen Nachfolgern nicht die Rede. Unsterbliche Seelen und sittliche Weltordnungen gelten als »bourgeoiser Aberglaube«. Die Menschen sind »blaue Ameisen« mit der einzigen Aufgabe, dem wirtschaftlich-militärischen Aufbau, der Partei und dem »realen Sozialismus« zu dienen. Sie sind Bestandteile der »Gesellschaft« – sonst nichts.[34]

Daher benutzt man in den Schulen die großen Werke der Weltliteratur lediglich zur kritischen Veranschaulichung der jeweils bestehenden Klassengegensätze und Unterdrückungsmethoden. Der ungeheure Bildungs- und Erlösungswert, der z. B. von den Epen Homers, dem Evangelium, den griechischen Tragödien, den Dramen Shakespeares, Schillers, Goethes ausgeht und mehr als alle Moralpredigten die Jugend zur Menschlichkeit hinführen könnte (man denke an Aristoteles' Definition der Tragödie) wird in »zeitkritischen Diskussionen« zerredet. Dadurch erzeugen wir inmitten physischen Wohlstands und materiellen Reichtums seelischen Notstands und Geistesarmut, die das Verbrechen vorbereiten.

Wenn wir nun abschließend das Gesamtproblem des »Bösen« noch einmal überdenken, so muß uns die sokratisch-platonische Deutung des Bösen (Mangel des Guten, Erkenntnisirrtum) sichtlich als unzureichend erscheinen. Die Macht des Bösen, die wir in diesem Jahrhundert erlebten, überschritt wahrlich alles Menschenmaß. Man ist (ohne im geringsten abergläubisch zu sein) genötigt, von »Besessenheit« zu sprechen. »Besessenheit« muß jedoch zunächst durchaus nicht das Ergriffensein durch außer- und übermenschliche Wesenheiten bedeuten. »Besessen« kann man zunächst auch von seinen eigenen übelwollenden und zerstörenden Gedanken werden, wenn man sie allzulange und allzusehr in seinem Seelenleben pflegt. Dann verlieren wir an sie unsere »Freiheit« und werden zu bloßen Schauplätzen vernichtender Bestrebungen, die sich gleichsam verselbständigten und schließlich (wie uns Dostojewsky in seinem Roman *Raskolnikoff* schildert) sogar zum Mord führen können.

Je mehr wir uns jedoch »freiwillig« negativen Gedanken hingeben, desto mehr schaffen wir Voraussetzungen, die objektiven, außermenschlichen, kosmischen Vernichtungsmächten den Zutritt zu unserer Seele ermöglichen und dadurch schließlich (mit Vernichtung unserer »Freiheit«) zu demjenigen führen, was man seit alters »Besessenheit« nannte.

Solche Besessenheit ist seitens des Menschen mit Bewußtseinstrübung oder gar mit weitgehender Ausschaltung seines eigenen »Ich« verbunden, wodurch allerdings unsere sittliche Verantwortung für dasjenige, was nun durch uns und mit uns geschieht, keineswegs beseitigt wird. Denn ehe finstere antigöttliche und antichristliche Mächte durch und in uns wirken können, müssen wir ihnen allererst durch unser eigenes fehlgeleitetes Fühlen und Denken die Bahn freigemacht haben.

Solche Ereignisse haben durchaus ihre Parallele in Ereignissen, die wir zunächst nicht »Besessenheit«, sondern »Infektion« nennen, die zur Krankheit führt. Ebenso wie die Mächte des Bösen uns überall umgeben und nur darauf warten, daß wir ihnen durch unser Fehlverhalten die Eintrittspforten öffnen, so umgeben uns auch pathogene Keime (Bakterien, Viren) immer und überall. Wir erkranken aber erst dann, wenn wir durch moralisches oder physisches Fehlverhalten unsere Abwehr- und Widerstandskräfte entsprechend geschwächt haben, so daß Bakterien oder Viren von uns »Besitz ergreifen«, uns also von sich »besessen« machen können. Obgleich physische Krankheiten zunächst etwas total Verschiedenes wie das Sittlich-Böse zu sein scheinen, bestehen zwischen beiden doch auch geheimnisvolle Beziehungen, worauf uns viele Stellen in den Evangelien hinweisen.

Erst wenn wir es wagen, solche Gesichtspunkte in die Geschichtsbetrachtung einzuführen, werden wir gewissen Phänomenen gerecht werden, die wir in diesem Jahrhundert erlebten. Wir werden aber auch zu bedenken haben, wie heute zumal unsere Jugend durch Film, Fernsehen, Presse mit dem im weitesten Sinne »Verbrecherischen« in Kontakt gebracht und dadurch in dieser oder jener schwach-veranlagten Jugendseele die Eintrittspforten für die Mächte des Bösen vorbereitet werden. Schließlich aber haben (nicht zu vergessen) die scheinbar so humanen und so sozialen Gedanken von Karl Marx (wegen ihrer atheistisch-materialistischen Hintergründe) zu den Orgien des Bösen unter der Herrschaft des Bolschewismus geführt. Man darf sich also durch scheinbar »humane« Oberflächen über die wahren Hintergründe nicht täuschen lassen.

8
Des Lebens Fülle und Erfüllung

»Homo faber« und »Homo religiosus«

Wer sich heute als besonders »aufgeklärt« und »fortschrittlich« profilieren will, stellt die Frage: Brauchen wir (noch) Religion?

Nun, hier kommt es darauf an, wie man sich selbst einschätzt und welche Bedürfnisse oder Fähigkeiten man sich zutraut. Die weidende Rinderherde benötigt sicher keine hochfliegenden Gefühle der Dankbarkeit, des Staunens, der Verehrung. Mit sturer Selbstverständlichkeit fressen diese Tiere das Gras, ohne nach Sonne und Erde zu fragen, die das Gras wachsen lassen, noch auch darüber nachzudenken, wer ihnen selbst das Dasein gab. Wir werden sie aber wegen ihres Mangels an Nachdenklichkeit, Staunen, Ehrfurcht und Dankbarkeit nicht verurteilen: Sie können nicht anders, sie sind eben Tiere. Vielleicht können sogar wir Menschen in einem solchen Zustand sturen Dahinlebens und Dahingenießens – zumindest vorübergehend – existieren, aber eben nur, solange unsere »Bedürfnisse« die Bedürfnisse der Tiere nicht wesentlich übersteigen. Was jemand »braucht«, hängt nämlich vom Range seiner Existenz ab.

Wer denkt, der dankt! Die höchste Form des Dankens ist jedoch das Beten, das Dank-Gebet. Wer sich die Voraussetzungen vergegenwärtigt, denen er seine Existenz »verdankt«, der verhält sich dementsprechend – er dankt. In diesem Sinne können Tiere nicht denken und daher auch nicht danken. Menschen aber können es, und daher entscheidet die Fähigkeit zu denken und zu danken über den Grad der jeweils verwirklichten Menschlichkeit. Schon Steinzeitmenschen, deren letzte Reste in den Schamanenvölkern Nordsibiriens leben, müssen diese Menschenwürde gehabt haben, wenn sie ihr edelstes Wild, den Bären, nicht nur erlegten, sondern anläßlich des damit verbundenen Festmahles in Dankritualen sich an den »Schutzgeist« – die Gruppenseele – der Bären wandten und um Verzeihung wegen der Tötung eines seiner Schutzbefohlenen baten. Vermutlich haben sie aber nicht nur für ihre Nahrung, sondern auch für ihr Dasein gedankt – weil sie eben zum Unterschied von den Tieren denken und folglich danken konnten, also im vollen Sinne Menschen waren.[35]

Sind wir das heute noch? Oder haben wir uns infolge unserer Überklugheit das Danken erspart? Denn wenn man wie heute die Evolution des Lebens als das Werk zufälliger Molekularkombinationen betrachtet und – mit dem französischen Nobelpreisträger Jaques Monod – im Menschen das ungeplante Produkt unzähliger Zufälle sieht, dann hat uns solches »Denken« endgültig von jedem »Danken«, also von jeglicher »Religion« befreit.

Aber kann man dieses »Denken« im strengen Sinne noch ein »Denken« nennen? Ist es nicht nur die ständige phrasenhafte Wiederholung einer Behauptung, die jeglichem echten Denken widerspricht? Wenn nämlich schon unsere Geräte und Maschinen offensichtlich nicht dem Zufall, sondern einem hohen Grade geistiger Planung ihre Existenz verdanken, dann müßten doch wohl auch wir selbst unermeßlich höheren Graden planender Weisheit entspringen. Das erfordert echtes Denken – aber man will eben nicht wirklich denken, weil man sich das Danken ersparen will. Man möchte nichts über sich anerkennen, damit man nicht mehr wie die angeblich »primitiven« Menschen früherer Zeiten zu staunen, zu verehren und anzubeten braucht.

Ein abenteuerliches Maß an Stolz – vielleicht aber auch an Angst gegenüber allem Kosmisch-Geistigen hält uns heute in Bann, weshalb wir auf die höchsten und edelsten Seelenfähigkeiten unseres Menschseins verzichten.

Aber unsere stolze Gedankenlosigkeit läßt uns nicht nur den Gottesdienst im Weltall, sie läßt uns auch den Menschengeist vergessen. In ebenso gedankenloser wie undankbarer Weise gebrauchen und genießen wir die Möglichkeiten der modernen Industrie-, Konsum- und Wohlstandsgesellschaft, ohne uns in Dankbarkeit vor den unermeßlich leiblich-seelisch-geistigen Mühen zu verneigen, die von Physikern und Chemikern, von Technikern und Konstrukteuren, von Unternehmern und Arbeitern, von Ärzten und Pharmabetrieben in die Errungenschaften dieser Wohlstandsgesellschaft investiert wurden.

Wir benützen alles mit derselben dumpfen Selbstverständlichkeit, mit der Rinder das Gras abweiden. Der religionslose Frevel beginnt also nicht erst bei der Gottheit, er beginnt schon beim Mitmenschen und nicht zuletzt bei unseren Eltern und Lehrern. Es ist ein und derselbe animalische Egoismus, der das wirkliche, das heißt verstehende Denken und das wirkliche, das heißt demütige Danken verhindert – ein Zustand einmaliger Barbarei.

Dieser intellektuelle Dünkel, der alles verstehen und alles für sich beanspruchen zu können glaubt und sich dadurch jede Demut und Dankbarkeit erspart, wird besonders in der marxistischen Erziehung gefördert. Nichts liegt unseren Kindern und Jugendlichen von Natur aus näher als die Sehnsucht, verehren und danken zu dürfen, weil dadurch das Daseinsvertrauen verstärkt wird. Nichts wird aber von »fortschrittlichen« Kreisen nachhaltiger betrieben, als Mißtrauen und Verachtung zwischen Kindern und Eltern, Schülern und Lehrern zu säen – obgleich gerade diese in erster Linie es sind, die unseren unsterblichen Seelen eine Wiederkehr und ein Fußfassen im Erdendasein ermöglichen. Aber wenn sogar Bücher, die den Gotteshaß predigen, Verleger und Absatz finden, braucht man sich darüber nicht zu wundern: Man nimmt auf diese Weise aber nur den Menschen jede sinnvolle Lebensmöglichkeit und treibt sie in die Verzweiflung von Selbstmord, Rauschgiftsucht und Terrorismus. Auch ein erheblicher Teil des sogenannten »politischen Engagements« unserer Jugend dürfte nichts anderes als Flucht vor sich selbst sein.
Ein bekanntes Gedicht beginnt mit den Worten:

»Wenn alle untreu werden,
so bleiben wir doch treu,
daß Dankbarkeit auf Erden
nicht ausgestorben sei . . .«

Denn mit der Dankbarkeit gegenüber der Natur, unseren Mitmenschen und gegenüber der schaffenden Geisteswelt steht und fällt unsere Menschenwürde.

Das konnte genügen von den ältesten Zeiten der

Menschheit bis zu den Zeiten eines Sokrates und Platon. Dann jedoch geschah ein Neues, die bisherige Weltordnung Überschreitendes: Die göttlich geistige Welt wirkte schaffend und erhaltend nicht mehr nur vom »Jenseits« in das Erden-Menschen-Dasein hinein, sie nahm in Jesus Christus selbst ein Erden-Menschen-Dasein auf sich, um den Menschen zusätzliche Lebens- und Leidenskräfte zu vermitteln. Diese benötigen wir in der Tat, denn immer wieder erscheint gerade auch den besten und sensibelsten Menschen das Erdendasein fast unerträglich schwer. Dann kann nur das Hinschauen auf das »Kreuz« unseren Mut stärken, unser Erdendasein dennoch in Dankbarkeit und im Wissen um seine Bedeutung zu bejahen.

Der Philosoph und Soziologe Max Scheler meinte einmal: Moderne Naturwissenschaft und Technik seien keineswegs die Hauptunterscheidungsmerkmale von Mensch und Tier. Man könne sich nämlich sehr wohl die Intelligenz von Schimpansen – ohne ihr Tiersein zu überschreiten – so gesteigert denken, daß sie zu solchen Leistungen fähig würden. Denn alle unsere wissenschaftlich-technischen Leistungen verblieben – meint Scheler – in den Bereichen irdischer Notdurft und Lebensfürsorge, wie sie die Tiere mehr oder weniger auch meistern. Grundsätzlich übersteige der Mensch das Tiersein sowie alles Naturhafte erst als »homo religiosus«, das heißt im Wissen um die schaffenden und erhaltenden Urgründe allen Seins und in entsprechenden Handlungen, die dieses Wissen dankbar-ehrfürchtig bekunden, wie Gebet, Opferfeiern, sakrale Handlungen und sonntägliche Gottesdienste.[36]

In der Tat: kaum hatte der Mensch die tierähnlichen Gestalten seiner biologischen Vorfahren überwunden und als Mensch, d.h. mit einer personenhaften Seele und einem geistigen Wesensmittelpunkt – » I c h « – begnadet, das Erdendasein betreten, so wandte er sich seinem wahren Ursprung, dem Überirdischen, zu. Er selbst lebte physisch noch in den allerprimitivsten Verhältnissen – aber alle seine Mühen waren der aufwendigen Bestattung der Verstorbenen und alsbald auch den immer großartigeren Bauwerken für seine Gottheiten gewidmet. Das wahrhaft Menschliche sieht man in den riesenhaften Steinsetzungen der Menhire und Cromlechs, in den Tempeln und Pyramiden der Antike und schließlich in den romanischen und gotischen Domen des Mittelalters.

Hingegen finden unsere modernen Produktions- und Wohnsiedlungen ihre Mittelpunkte in den Sportstadien. Das wahrhaft Menschliche im Sinne Schelers ist also ausgeklammert. Die Menschen sind in die Grenzen ihrer animalischen Sphäre eingeschlossen. An die Stelle erhebender und sinngebender Gottesdienste sind die niederdrückenden Dienste im Willen zum Anspruch der Konsumgesellschaft getreten. So fehlen die Ausblicke in das Übermenschliche, wodurch wir, im Sinne Schelers, erst zu Menschen werden. Daher die Not unserer Kinder und Jugend, die Not unserer Alten und Sterbenden sowie die Not unserer sinnleeren Freizeit. Aber vielleicht werden wir in kommenden Inkarnationen – wenn sie uns vergönnt sind – schon wieder ganz andersartige Verhältnisse antreffen und an ihnen freudig mitwirken können.

Eine in ihren Ursachen schwer durchschaubare Bewußtseinsverdunkelung hat den abendländischen Menschen das Wissen um die Tatsache der wiederholten Erdenleben vorübergehend verdunkelt, obgleich Stellen in den Evangelien und bei den früheren Kirchenvätern noch darauf hinweisen. Denn in entsprechenden Abständen ein Erdendasein in verschiedenen Völkern und Ländern gestalten zu dürfen, dient nicht nur der Bereicherung unserer seelischen Fähigkeiten, es bekräftigt auch die wesenhafte Einheit dessen, was wir »Menschheit« nennen. Mögen nämlich immerhin die einzelnen Völker und Länder über die Erde hin einander beschuldigen und bekämpfen – die Gotteskinder, die Menschenseelen sind es, die an sich jenseits allen Volk- und Rassenhaften durch das Gewebe ihrer wechselvollen Wiederverkörperungen die Schicksalseinheit des Menschengeschlechts dennoch garantieren. – Das sei zum Schluß unserer »Suche nach dem Menschen« als Denkmöglichkeit hinzugefügt.

Wie soll es nun weitergehen?

Trotz aller atheistischen Propaganda und geistigen Versklavung ringt der russische Mensch im »Untergrund« um ein neues, durch Leiden vertieftes Gott- und Christus-Bewußtsein. Hingegen mehren sich bei uns im »Freien Europa« die Menschen, denen die Worte »Seele«, »Geist«, »Gottheit« nichts mehr bedeuten. Während der russische Mensch von Umklammerungen einer marxistisch-leninistischen Ideologie, denen er äußerlich untertan ist, sich innerlich zu befreien sucht, mißbrauchen wir im Westen unsere Freiheit dazu, materialistisches Denken zu perfektionieren und mit marxistischen Ideologien möglichst schon unsere Schulkinder zu infizieren, indem wir sie dazu anleiten, möglichst alles Ehrfurchtgebietende »kritisch« zu durchleuchten und zu verspotten.

Mit Recht fürchten wir die Sowjetunion. Auf der anderen Seite erklärt sie offen: »Wir wünschen keinen

Krieg und sind für weltweite Entspannung. Jedoch fühlen wir uns im Sinne unserer marxistisch-leninistischen Ideologie verpflichtet, alle Befreiungsbewegungen in den ehemaligen Kolonialländern sowie auch alle Bruderparteien weltweit tatkräftig zu unterstützen und überall die kapitalistische Wirtschaftsordnung zu untergraben«.

Unsere Sorge ist also berechtigt, zumal der Westen kein damit vergleichbares Weltbild und Geschichtsziel realisiert, sondern »persönliche Freiheit« und »gutes Leben« als einzige Ideale zu verkünden weiß. Tröstlich ist nur: Rußland ist nicht die *Sowjetunion*. Der russische Mensch leidet – wenngleich heute noch weitgehend unbewußt, nicht offen – am meisten unter der Versklavung einer ihm wesensfremden atheistischen Diktatur sowie an der durch das System gegebenen Isolierung in der Welt. Auf ihn werden sich also dereinst unsere Zukunftshoffnungen um so mehr richten müssen, desto weniger der »freie Westen« die ihm gestellten Aufgaben einer weltweiten Erneuerung und Vertiefung der christlich-abendländischen Kultur erfüllen zu können scheint.[37]

Zweiter Teil

Spirituelle Erneuerung aus dem Geist des Abendlandes

Europa hat in bisher unvergleichlicher Weise einen Daseinsstandard erreicht, der ein Höchstmaß an Freiheit, wirtschaftlicher und kultureller Leistung und humaner Lebensform gewährleistet. Es ist kaum zu begreifen, daß man an dieses weltgeschichtlich einmalige, wenngleich auch nicht vollendete Mosaik mit wesensverändernden oder sogar zerstörenden Absichten herangeht – ja fast in einen Selbstmord hineintreibt. Politik und Wissenschaft haben den Menschen unserer Zeit viele erregende oder scheinbar überzeugende Hilfsangebote zur Meisterung des modernen Daseins unterbreitet, die aber mittlerweile größtenteils ihre Untauglichkeit erwiesen haben.

So ist die Utopie vom neuen Menschen, der angeblich vollkommene Eigenschaften besitzt oder besitzen sollte, eine Sehnsucht, die mit der Realität nicht übereinstimmt. Jedenfalls führen Weltverbesserungskonzeptionen – die zuerst in Gestalt von Utopien und in den Stadien der Verwirklichung als Ideologien auftreten – zu der Überzeugung, daß der neue Mensch nur durch äußere Anpassung und Auslese, erreichbar durch Strukturerneuerungen und Erziehungsmodelle, entstehen könne.

Nur durch erbarmungslose Eingriffe in die menschliche Vielfalt, durch vordergründige oder versteckte Ideologien, lasse sich der Mensch – meint man – so manipulieren, wie man ihn unter gesellschaftspolitischen Zielsetzungen haben möchte. Dies kann jedoch nicht gelingen, da es nicht in den Möglichkeiten menschlicher Bildsamkeit liegt, den problemlosen und dennoch vollkommenen Menschen zu züchten, der Voraussetzung für eine vollkommene Gesellschaft sein könnte.

Um zu tieferen Erkenntnissen zu gelangen, sollten wir uns auch mit der Situation beschäftigen, in der sich in unserem 20. Jahrhundert die Geschichtsforschung befindet. Diese wird in der Aus- und Fortbildung unserer nachfolgenden Generation vernachlässigt und fällt daher als Erfahrungsquelle weitgehend aus. Sicherlich hat Geschichtsforschung entscheidend mit der Problematik der Menschheitsgeschichte zu tun, und sicherlich ist auch Geschichtsforschung zugleich Geschichtsphilosophie.

Diese befindet sich offensichtlich in einer Krise, weil sie nicht in befriedigender Weise die Frage beantworten kann, nach welchen Prinzipien überhaupt Menschheitsgeschichte gesehen und erklärt werden kann und soll. Nun steht unser modernes geistiges Leben entscheidend im Zeichen der Herrschaft der Naturwissenschaft. Die Naturwissenschaft aber bemüht sich, die allgemeinen Gesetze zu abstrahieren, durch welche der Geschichtsverlauf bestimmt wird, – also prinzipiell nach der gleichen begrifflichen Abstraktion wie die Physik die Gesetze der Mechanik, Akustik, Optik etc. erforscht. Die Übertragung dieser in der Naturwissenschaft berechtigten Methoden berücksichtigt aber nicht, daß in der Geschichte das Moment der Freiheit entscheidend mitwirkt. Das Individuelle also spielt eine entscheidende Rolle, denn der Mensch ist doch wesentlich Individualität. Infolgedessen müssen wir berücksichtigen, daß es in der Geschichte nur lauter einmalige Ereignisse gibt, von denen keines genau in derselben Weise noch ein zweites Mal in Erscheinung treten kann.

Das besagt, daß man zu einer wirklichen Erkenntnis der Menschheitsgeschichte nur durch eine Wissenschaft vom Menschen gelangen kann, die den Menschen als eine Welt erfaßt, die als eigene, spezifische zwischen der Naturwelt und der Welt des Göttlichen steht. Die geschichtlichen Zusammenhänge können wir Menschen in ihren Hintergründen oft nur ahnen, da wir nicht wissen, wie weit sie göttlicher Leitung oder Lenkung entspringen.

In dem Bestreben, eine politische Indoktrinierung unter sozialistischer Sicht zu erreichen, verliert Geschichte an Substanz, verliert sich über der Begegnung mit ihr die Möglichkeit zu vertiefter Erkenntnis. Man hat sogar den Eindruck, daß die allgemeine Bildungseuphorie in dem Maß abnimmt, in dem sich Unzufriedenheit und Unbehagen am Bildungssystem selbst äußern.[38] Kritik z. B. an den unübersichtlich gewordenen Institutionen, der zunehmenden Verbürokratisierung, an der Entfremdung von Elternhaus und Schule, an Sprachungetümen des modernen »Bildungsbetriebes« und der gegenwärtigen Erziehungswissenschaft, an dem kinderfeindlichen Leistungsdruck und der Sphäre von Anonymität und unpersönlicher Verwaltung im Verhältnis von Lehrern und Schülern.

Unter sozialistischer Ideologie wird der Eindruck erweckt, daß hinter dem postulierten Ziel der Bildung der Mündigkeit, Urteilsfähigkeit und persönlicher Entfaltung ganz andere Absichten politischer Art direkt oder indirekt verfolgt werden. So wird vom Bildungswesen erwartet, daß es durch seine Einrichtungen Gleichheit der Chancen oder Gleichheit der Bildung herstellen kann. Leitend dabei ist hier also gesellschaftspolitisches Wollen. Von ihm werden dem Bildungswesen die verschiedensten Ziele vorgeschrieben. Das pädagogische Tun, nun verstanden als Strategie, ist ganz auf das Erreichen jener Qualifikation gerichtet, wie sie in der gegenwärtigen und unmittelbar zukünftigen Gesellschaft politisch für wünschenswert und erforderlich gehalten wird.

Dagegen wird auf Haltung, Gesinnung, selbständiges Urteil und verantwortliche Entscheidung kein Wert gelegt. Man kann auch formulieren, daß eine derartig intendierte, speziell auf Nützlichkeit ausgerichtete Pädagogik, keine Rücksicht auf die Einmaligkeit des Menschen nimmt, sondern eine solche Verhaltenssteuerung notwendigerweise Gleichschaltung bedeutet.

Seien wir uns doch bewußt, daß auf dem Gebiet der Pädagogik Lehren und Lernen eben keine technisch machbaren Dinge sind. Lernen in seinem ursprünglichen Sinn ist dagegen Erfassen von Wahrheit, ist Einsicht in Wahres. Das wird auch einer der Wege sein, der Jugend, die sich weitgehend ohne Perspektiven sieht, wieder einen neuen Lebenssinn – frei auch von Drogen-Gefährdung – zu eröffnen. Ist nicht vieles in dem System, in dem wir leben, eine Ersatzbefriedigung, eine Ausweichhandlung zum Ausgleich für verlorengegangene Lebens- und Seinsdimensionen?

Wer die Zeit, in der wir leben, einigermaßen verstehen will, muß sich die oftmals verdrängte Tatsache vor Augen halten: Wir leben erstmals in der ganzen Menschheitsgeschichte in einem a- oder gar anti-religiösen Zeitalter. Versteht man unter Religion die Hinorientierung des gesamten menschlichen Daseins auf das Übermenschlich-Geistig-Göttliche (im weitesten Sinne), ist Religion bei allen früheren Natur- und Kulturvölkern das tragende Fundament der menschlichen Existenz gewesen. Abgesehen von den totalen Theokratien des Orients, die einst das gesamte soziale, politische und wirtschaftliche Leben bestimmten, ist sogar noch bei den in hohem Maße irdisch-machtmäßig orientierten Römern das ganze Dasein in das Element des Sakralen, Gottesdienstlichen eingebettet.

Diese menschliche Grundhaltung währte dann noch weit hinein in das abendländisch-christliche Mittelalter. Bald aber begann die religiös-gottesdienstliche Haltung, im Dogma und in der Dogmengläubigkeit intellektuell zu erstarren und hinzuschwinden. Obgleich das Christentum mit seinem Zentrum im Altarsakrament die bei weitem höchste geschichtliche Religionsform darstellt, begann doch paradoxerweise gerade in dieser Religion der atheistische Materialismus allmählich groß zu werden, wobei eben dieses Altarsakrament der früheste Angriffspunkt der Geist- und Gottes-Leugnung war. Denn das Mysterium der »Wandlung« von Brot und Wein in den Leib und das Blut Jesu Christi bot einer anderen, allmählich im Abendland emporwachsenden Macht scheinbar genügende Angriffspunkte.

Diese Macht, gleichfalls erst- und einmalig in der bisherigen Menschheitsgeschichte, ist die moderne, auf quantitativen Messungen und mathematischen Berechnungen basierende experimentelle Naturwissenschaft mit ihren technisch-industriellen Konsequenzen. Das Wissen um sogenannte Naturgesetze schien nicht nur eine Gottheit unnötig zu machen, sondern auch den überlieferten

Dogmen, insbesondere dem Dogma von der Transsubstantiation schärfstens zu widersprechen. Je mehr überdies der Mensch als »Homo faber« in Technik und Wissenschaft selbst schöpferisch wurde, desto leichter konnte er den Schöpfer-Gott in Natur und Kosmos vergessen. Der neuzeitliche abendländische Mensch setzte sich (um ein Wort Nietzsches zu gebrauchen) auf den Thron der toten, von ihm selbst getöteten Gottheit, – ein erst- und einmaliges Phänomen der Menschheitsgeschichte.

Dies konnte um so leichter geschehen, als eine perfektionierte Technik, Medizin und Wirtschaft auf dem Wege über den Sozial-, Konsum- und Wohlfahrtsstaat die einstige *göttliche* Vorsehung durch eine *menschliche* Vorsehung zu ersetzen und das einst im geistigen *Jenseits* erhoffte Paradies schon im irdischen *Diesseits* zu verwirklichen schien. So konnte die Meinung entstehen: Religion ist primitive, vorwissenschaftliche Welt-Deutung, die (ebenso primitiv und vorsozialistisch) ein Paradies als Gottesgeschenk erhofft, das sich der mündige Mensch durchaus selbst im Sozialismus geben könne. Ein vorerst letzter Schritt in dieser Richtung geschah durch die Entwicklung der Doppelwendeln der Desoxyribonukleinsäure in der Vererbungssubstanz, wodurch nicht nur Leben, Seele, Geist endgültig zugunsten makromolekularer Chemie beseitigt schienen, sondern auch Gen-Manipulationen, verbunden mit marxistischen Indoktrinierungen, auch alle moralisch-sozialen Probleme im Hinblick auf die Züchtung eines braven, fleißigen, sozialen Ameisenmenschen (wie man hofft) zu meistern wären.

Zunächst geschieht allerdings etwas ganz anderes,

gleichfalls in der bisherigen Menschheitsgeschichte durchaus Ein- und Erstmaliges, dessen äußere Konsequenzen jugendliche Verwahrlosung, Rauschgift- und Selbstmordversuch sowie Terrorismus darstellen. Dieses Erst- und Einmalige ist die totale Isolierung und Vereinsamung des einzelnen Menschen. Mit dem Hinschwinden aller überlieferten Ordnungsgefüge und autoritären Führungstrukturen (wie wir es gegenwärtig erleben) findet sich der einzelne, zwar zur Mündigkeit bestimmte, aber keineswegs schon wahrhaft mündige, zumal jugendliche Mensch ganz auf sich selbst gestellt.

Um diese Situation zu verstehen, muß man sich vor allem vergegenwärtigen, daß die einst durch Priester und Könige, durch Väter, Lehrer und Meister repräsentierten Ordnungs- und Führungstrukturen ihre Würde und Vollmacht keineswegs aus sich selbst, sondern allein als Vertreter der Gottheit besaßen. Abwege ausgenommen, haben daher in den alten sumerischen, babylonischen, israelitischen und ägyptischen Zeiten niemals Menschen über Menschen, sondern immer Gottheiten, auf dem Wege über dazu auserwählte und geweihte Menschen, über Menschen geherrscht. Daher stehen Heiligtümer, Tempel, feierliche Prozessionen oder gar mystische Einweihungsrituale durchaus im Führungszentrum jener alten Kulturen. Sogar die Grundlagen des Ackerbaues (die Ur-Kultur) glaubte man aus höheren Bereichen den Menschen vermittelt.

Man kann das Gesagte leicht als primitiven Aberglauben belachen, aber nicht an der psychologischen, tief im Menschsein verwurzelten Tatsache vorübergehen: Schwindet das »Heilige«, »Ehrfurchtgebietende« aus der Welt und verliert zugleich der Mensch die Scheu vor dem

Ehrfurchtgebietenden, Geheiligten, Sakrosankten, so muß das soziale Chaos, die sittliche Haltlosigkeit, wenn nicht gar die Bestialität ausbrechen – falls die Menschen in der bisherigen langen Geschichte der göttlich-geistigen Führung es nicht gelernt haben, das Gott-Menschliche als Leitstern alles Denkens und Handelns in sich selbst, etwa in der Stimme des Gewissens, zu erwecken. »Ehrfurcht vor sich selbst« nannte es Goethe.

Der Mensch früherer Zeiten, zumal der Jugendliche, war gewiß nicht besser als der heutige. Doch befindet sich der Mensch der Gegenwart in einem Umbruch von epochaler Bedeutung, an einer Zeitenwende und an einem Ort im Ablauf der Geschichte, die wir als Zeit des Übergangs zu sehen haben. Man kann also schon vom Zeitgeist her und den Umständen, unter denen wir heute leben, nicht den Versuch machen, den Menschen früherer Zeiten mit dem heutigen zu vergleichen, auch nicht hinsichtlich dessen, was wir unter Sein und Leisten verstehen. – Aber was dem Menschen früherer Zeit Form und Halt, wir können auch sagen »Kultur« verlieh, waren die Ordnungsgebilde, in die er hineinwuchs – allen voran die Familie mit der väterlichen, letztlich im Gott-Väterlichen verwurzelten Auctoritas, die sich späterhin in Lehrern und Lehrherren fortsetzte und von den obrigkeitlichen Führungsstrukturen in Kirche und Staat überwölbt wurde. *Verantwortung* vor der Gottheit auf der einen Seite und *Vertrauen* gegenüber den gottgewollten Autoritäten auf der anderen Seite hielten die Sozietät zusammen und sorgten für die Kontinuität zwischen alter und junger Generation – so sehr im einzelnen Falle Verantwortung gefehlt haben und Vertrauen unberechtigt gewesen sein mag.

Schwinden dann – aus welchen Gründen immer – Verantwortung und Vertrauen, dann muß das Chaos ausbrechen, und zurück bleiben entwurzelte »Ichs«, die sich (in der alten Generation) nicht mehr achtungs- und ehrfurchtswürdig erweisen und daher den Zweifel, Spott und Haß der jungen Generation auf sich ziehen. Man kann diesen Zustand als notwendiges Ergebnis der sogenannten »Aufklärung« betrachten, wie sie seit Renaissance und Reformation in immer neuen Wellen über das Abendland hinwegging. Hierbei ist die moderne Naturwissenschaft weniger die Ursache als die Folge dieses Aufklärungsprozesses. Denn offenbar mußte man erst alles Göttlich-Geistige in der Natur verdrängen und vergessen, und auch alles Ehrfurchtsgebietende und Heilige mußte aus der Sozietät verschwinden, bis eine enttäuschte Jugend allem Autoritären den Kampf ansagen konnte. Jedenfalls liegt hier ein Kreisprozeß mit verstärkenden Rückkoppelungen vor, der sich heute immer weiter perfektioniert.

Wie kann es weitergehen? Die alten autoritären Führungs- und Ehrfurchtsstrukturen zu erneuern, ist unmöglich. Unwiderruflich sind wir in das Zeitalter der einzelmenschlichen Persönlichkeit, des Ich-bin-Ich eingetreten, worin jeder einzelne sein eigener Herr und Meister, Priester und König sein sollte und möchte, aber es zunächst nicht kann, obgleich die Auflösungsvorgänge alles Überlieferten bis hinauf zu den staatlichen Führungsstrukturen immer weiter fortschreiten. Das mußte zum Chaos führen, wenn sich nicht von einer unvorhergesehenen Seite neue autoritäre Führungsmächte mit Gottes-Stellvertreter-Anspruch der atomisierten und richtungslosen Menschen bemächtigten. Es sind dies die totalitären Systeme, die nicht nur das Tun, sondern auch das Denken und Fühlen der Menschen (selbstverständlich »im Namen des Volkes«) »in den Griff bekommen« wollen. In ihnen ist aber nicht mehr wie in den alten Führungsstrukturen der orientalischen Theokratien und des mittelaltlerlichen Christentums das Göttliche, sondern das Antigöttliche, vielleicht sogar (wie nachdenkliche Russen meinen) das Antichristliche am Werk.

Die wahren Absichten dieser Diktatoren sind nicht leicht zu erraten, da sie sich zunächst sehr aufgeklärt, fortschrittlich, ja soagr human und freiheitlich gebärden. Außerdem geben ihnen moderne Technik, Wirtschaft und Heilkunde gewisse Möglichkeiten, viel für das leibliche Wohlbefinden der Menschen zu tun – was das Durchschauen ihrer wahren Ziele (Beherrschung, ja Enteignung der Seelen) erschwert. Dostojewski hat dies in seinen Romanen erahnt, und Boris Pasternak und Alexander Solschenizyn weisen in dieselbe Richtung. – Aber der Westen schläft in Entspannungs-Euphorie.

Der Schaffensprozeß, der in der Vergangenheit über Mineral-, Pflanzen- und Tierreich hinaus zum Menschen führte, ist heute noch nicht zu Ende. Er verlagert sich nur auf neue Ebenen. Denn der Mensch ist ein »Freigelassener der Schöpfung«, also, ungleich den Pflanzen und Tieren, darauf hingeordnet, sich selbst zu erziehen und zu formen – üblicherweise »Kultur« benannt. In alten Zeiten leiteten ihn hierbei höhere Welten; die Berichte des Alten Testaments legen dafür ein gültiges Zeugnis ab. Propheten und Könige, Weise und Heilige vermittelten das göttliche Erziehungswerk an die ihnen anvertrauten Menschen. Nicht nur die mächtigen Pyramiden, Tempel und Dome der Vergangenheit, sondern auch die kleinen

Kirchlein und Wegekreuze in unseren Dörfern sind Ausdruck dieses Erziehungswerkes, das die Menschen allmählich seelisch verinnerlichen und sie zur persönlichen Gewissenskontrolle ihres Denkens und Tuns hinführen wollte.

Im Grunde genommen sollte dieses von außen (also heterogen) erfolgende Erziehungswerk heute schon abgeschlossen und der Mensch zur verantwortlichen Mündigkeit von innen her (also zur Autonomie) befähigt sein. Verwiesen uns doch schon die Evangelien darauf, daß wir uns hinfort nicht mehr (wie in alten Zeiten) als Knechte der Gottheit, sondern als deren Kinder, ja als deren Freunde zu betrachten hätten. Das würde bedeuten, daß wir uns nicht nur für unser persönliches Schicksal, sondern auch für das Schicksal unseres Wohnplaneten mitverantwortlich zu betrachten hätten. Dies spüren heute alle jene, welche die Natur nicht nur machtmäßig ausbeuten, sondern auch pfleglich behandeln wollen. Hierzu gehört auch, daß wir (wie Franziskus von Assisi meinte) in den Naturgebilden unsere Brüder sehen lernen, was eine radikale Überwindung des Materialistischen Weltbildes bedeuten würde.

Sicher ist eines: die Menschen möchten heute nicht mehr als »Objekte« autoritärer Führung und Belehrung, sondern als Selbstdenker und Selbstverantworter, mithin als Subjekte behandelt werden. Frühzeitig revoltieren daher schon die Kinder gegen Eltern und Lehrer, wenn sie sich nicht genug als »Ichs« gewertet glauben. Das können sie allerdings nur deshalb, weil in ihnen das unbewußte Wissen waltet, das man so formulieren könnte: »Nur im Körperlich-Materiellen sind wir unterentwickelte und hilfsbedürftige Kinder; als geistigseelische Wesenheiten sind wir hingegen uralt, weil wir in vielen vergangenen Erdenleben allmählich zu dem Persönlichkeitsbewußtsein herangereift sind, das uns heute erfüllt.« Die Kinder haben recht, wenn sie so empfinden. Denn was wir Menschheitsgeschichte nennen, ist (wie Lessing meinte) die Entwicklung jeder einzelnen Menschenseele in vielen aufeinanderfolgenden Kulturepochen. Was demnach heute in Kindern und Jugendlichen, aber auch in Arbeitern, Angestellten und Beamten gegen alle Formen von »Untertänigkeit« und »Unmündigkeit« revoltiert, ist eben jenes Ich-bin, das gewillt ist, für sein Denken und Tun immer mehr selbst die Verantwortung zu übernehmen.

Die Möglichkeit hierzu besitzt der moderne Mensch zweifellos, und dies ist seine vielbesprochene »Würde«. Zur Verwirklichung dieser Möglichkeit muß er allerdings erst hingeführt werden. Daher ist heute keineswegs nur Kinder- und Jugend-Erziehung, sondern in hohem Grade auch Erwachsenen-Erziehung – z. B. durch die Unternehmer und Manager in den Betrieben – nötig. Damit berühren wir ein Zentralproblem des gegenwärtigen Wirtschaftslebens.

In der frühindustriellen Zeit, in der die ersten Anfänge und Grundlagen für die Industrie gelegt wurden, sprach man noch von dem »Herrn-im-Haus-Standpunkt« des Unternehmers. Dies war im Hinblick auf die Zeitsituation – es gab noch keine instituionellen Einrichtungen für die Sozialbereiche und keine generellen Bildungsvoraussetzungen – wohl ebenso berechtigt wie die autoritären Führungsverhältnisse in anderen Sozialbereichen.

Die qualifizierte, das heißt eine dem jeweiligen Wissen und Können entsprechende innerbetriebliche Mitbestimmung ist durchaus ein berechtigtes Anliegen des zu einer verantwortungsbewußten Mündigkeit gelangten Menschen von heute.

Abgesehen von finanziellen Vorteilen, die sicherlich die Dominanz haben mögen, ist es jedoch das Gefühl der Macht, einer die ganze Wirtschaft entmachteten Macht, durch das eine schon seit langem auf Machtkurs segelnde Institution hier ihre Impulse bezieht. Denn Macht ist nie stationär, sie drängt stets über sich hinaus nach Mehr-Macht, nach All-Macht. Das ist ihre »innere Logik«, der sich keine Institution entziehen kann, die einmal angefangen hat, sich ihrer zu bedienen, was wenig mit dem eigentlich Sozialen, mit dem »Liebe-deinen-Bruder wie-dich-selbst« zu tun hat.

Wer über Besitz und Vermögen verfügt, steht anders im Leben und beurteilt die sozialen Verhältnisse anders als der Besitzlose. Er wird in gewissem Sinne zum für sich selbst verantwortenden, planenden und sparenden Bürger und ist für Klassenkampfideologien weniger anfällig. Eben deshalb lehnen dogmatische Marxisten die »Vermögensbildung in Arbeiterhand« ab, und auch die Gewerkschaften verhielten sich ursprünglich keineswegs zustimmend. Jetzt hat sich diese Haltung geändert, denn nunmehr wünschen die Gewerkschaften, daß die von den Unternehmern an ihre Arbeiter jährlich auszuzahlenden Besitzwerte nicht unmittelbar an den einzelnen Arbeiter selbst, sondern auf überbetriebliche Fonds abzuführen sind, die die Gewerkschaften – selbstverständlich im Interesse der Arbeiter, zugleich aber mit Ausschaltung ihrer Freiheit – verwalten. Oft meint man dann sogar, die Arbeiter selbst seien unfähig, ihre Interessen zu erkennen und zu vertreten.

Wenn nun dergestalt die Arbeitnehmer eines Betriebes im Laufe der Jahre immer mehr zu Mitbesitzern, aber diese Mitbesitzerrechte dann eben von den Gewerkschaften verwaltet werden, ergibt sich (in der Formulierung Hans Besters) für die Gewerkschaften eine doppelte Mitbestimmung in den Betrieben: 1. eine Mitbestimmung ohne Miteigentum und 2. eine Mitbestimmung infolge Miteigentum – ein schwer miteinander und mit dem ursprünglichen Sinn der Gewerkschaften zu vereinbarender Machtzustand. Der Verbraucher bleibt hierbei, wie bei allen Auseinandersetzungen zwischen »Kapital und Arbeit«, unberücksichtigt und zahlt unter Umständen in Form höherer Preise oder mangelnder Waren die Zeche für diese das pluralistische Gleichgewichtsgefüge sprengende »Machtzusammenballung eines Gewerkschaftsmonopols«.

Auch viele Unzulänglichkeiten des »Demokratischen Parlamentariums« werden erst durch ein Erwachen der Wählerschaft zu beseitigen sein, denn Parteien-Egoismus hat mit Gemeinwohl oft wenig zu tun.

Je mehr es gelingt, bloße Befehlsempfänger zur Eigeninitiative und Eigenverantwortung aufzurufen, desto mehr wird nicht nur in die Wirtschaftsbetriebe, sondern auch in die staatliche Verwaltung ein Faktor eingeschaltet, der letztlich das Einzig-Produktive auf Erden ist: das personhafte menschliche Geistwesen, das »Ich«. Aber auch Arbeitsbefriedigung ist auf die Dauer nicht mit so hoher Bezahlung, sondern allein mit der Einschaltung des »Ich« in den Verwaltungs- und Produktionsprozeß zu erreichen.

Opfern und Dienen wurden in früheren Zeiten großgeschrieben. Mit Recht: Denn nicht durch Haben- und

Genießen-Wollen, sondern durch Verzichten und Hingeben erweist sich die Größe des Menschen, die ihn über die animalische Trieb- und Bedürfnis-Sphäre hinaushebt und ihm Adel und Lebens-Sinn verbürgt. Aber schon Nietzsche sah eine Zeit heraufkommen, von der er schrieb: »Nemo vult onera ferre« (niemand will Entbehrungen und Lasten tragen) und hinzufügt: »Aber ein Grauen ist uns der entartete Sinn, welcher spricht: Alles für mich!« (In: *Also sprach Zarathustra;* Von der schenkenden Tugend.)

Im Gegensatz zu Freud und seinen Nachfolgern sehen moderne Psychotherapeuten (z. B. Frankl, Affemann, Meves) in der Verherrlichung des »Lustprinzips« und seiner Verwirklichung innerhalb einer reinen Anspruchs- und Versorgungsgesellschaft die größten Gefahren in Richtung »Verzweiflung am Sinn des Lebens«, »allgemeiner Lebensekel«, »Selbstmord«, »jugendliche Verwahrlosung«, »Terrorismus«. So wie Muskeln erschlaffen und degenerieren, wenn sie sich nicht mühen, muß ein menschliches Ich verzweifeln, wenn ihm alles geschenkt wird, ohne daß es sich erst mühen muß. Der »Mensch in Watte«, wie ihn die Weltgesundheitsorganisation verkündet, der nicht nur für sein leibliches, sondern sogar für sein seelisches Wohlbefinden die Gesellschaft verantwortlich macht, ist ein weltgeschichtliches Mißverständnis.

In dieser Hinsicht scheint der Osten eine bessere Position zu haben. Zwar leugnet er den Gottes-Geist im Weltall, aber er fordert bis aufs äußerste den Menschen-Geist, indem er vom »Ich« ein größtmögliches Entbehren, Opfern und Dienen für die »Gesellschaft«, für die »Partei« oder für das russische »Imperium« erwartet. Ob dies allerdings auf die Dauer einer völligen Sinnerfüllung des Lebens genügt, erscheint fraglich. Jedenfalls werden wir im Westen durch verantwortungsloses Genießen und Haben, jene im Osten durch sklavischen Befehl und Gehorsam auf infantilen Stufen gehalten. Würdelos ist beides auf seine Weise.

»Metaphysik« und »Esoterik« sind zwangsläufig akzentuiert, wenn es um den Menschen geht. Zwar könnte der heutige mündige Mensch, gestützt auf ein sachgemäßes Denken und auf ein sensibles Gewissen, sein Leben einigermaßen sinnvoll gestalten. Dennoch wird er sich auf die Dauer dabei nicht ganz wohl fühlen, denn das Verlangen nach einem umfassenden Weltbild sowie nach einer metaphysischen Fundierung seines Daseins ist doch unausweichlich. Auch Kant konnte beim bloßen »Pflichtgedanken« nicht stehen bleiben. Seine erkenntnistheoretischen Bemühungen sind überformt von einem viel höheren Pflichtbegriff – dem der Selbstgesetzgebung, dem des Selbstdenkens. Die Antwort auf die Frage nach der Möglichkeit unserer Erkenntnis ist nicht auch das Ende des Fragens. Im Gegenteil, die Frage »Was kann ich wissen?« gehört untrennbar in den Fragenkomplex »Was soll ich tun, was darf ich hoffen, was ist der Mensch?« Es ist nicht logisches Proporzdenken, wenn Kant das Wissen einschränkt, »um zum Glauben Platz zu bekommen«. Damit ein Raum sei für »Gott, Freiheit und Unsterblichkeit«, muß zuerst der Raum des Menschen beschrieben sein, der den anderen Raum entwirft. Dann sind auch Möglichkeit wie Grenze umschrieben, die ihn erkennen lassen. Einer Grenze allerdings, die positive Aussagen über die verborgene Welt des An-sich-Seins verbietet.

Darin scheint mir der menschliche Geist verkannt. In recht unschöner Weise hat Kant sogar den großen Metaphysiker und Geisterseher Immanuel Swedenborg verspottet, während Goethe meinte: »Ist nicht Natur den Menschen im Herzen« und folglich der Menschengeist fähig, die in der Natur wirkenden Gottesgedanken nachzudenken?

Warum sollte es also uns Menschen nach langer materialistischer Verfinsterung nicht wieder möglich sein, uns unseres unsterblichen Geistwesens und seiner Verwurzelung in der Vatergottheit, ja sogar wiederholter Erdenleben wieder zu erinnern? Besonders letzteres würde das sittlich-religiöse Bewußtsein vertiefen, weil es Licht auf die Verschiedenartigkeit der menschlichen Charaktere und Lebensschicksale werfen und vermehrte Möglichkeiten der sittlichen Bewährung eröffnen könnte.

Seit wir nicht mehr nur Energiemaschinen, die unser Muskelsystem ersetzen (Erste Industrielle Revolution), sondern auch Intelligenzmaschinen konstruieren, an die wir Leistungen unseres Sinnes- und Nervensystems delegieren (Zweite Industrielle Revolution), steht der Begriff »Information« im Mittelpunkt unseres physikalisch-technischen Denkens. Norbert Wiener (der Vater der Kybernetik) hat daraus den Schluß gezogen: Neben Materie und Energie (die bisher als die alleinigen Grundlagen des Weltalls galten) sei »Information« als dritte in diese Grundlagen einzubeziehen. Information sei ersichtlich weder Materie noch Energie, sondern ein geistig-ideeller Faktor, der die energetisch-materiellen Geschehnisse weitgehend bestimme. Mit dieser Einsicht ist das Ende des materialistischen Zeitalters gekommen.

Elektromotoren sind Energieverwerter, die materielle

Leistungen erbringen. Computer hingegen sind Informationsverwerter, die informative, also geistig-gedankliche Leistungen erbringen. Elektronenbewegungen dienen hier einer Welt von Ideen. Spiegelungen einer Ideenwelt sind aber auch alle unsere technisch-wirtschaftlichen Einrichtungen von Straßen und Brücken bis zu vollautomatischen Blech- und Papiermaschinen. Daher kann nur der Denk-Unfähige behaupten, wir lebten ausschließlich in einer materiellen Welt, während der Denkfähige sich primär in einer Gedanken- und Geisteswelt, allerdings in einer materiell verkörperten weiß. Ein nachdenklicher Computerfachmann soll einmal gesagt haben: »Wenn unsere Werkzeuge, Geräte und Maschinen Bewußtsein hätten, dann würden sie uns als ihre Schöpfer, als ihre Gottheiten verehren und vielleicht zu uns beten.« Wie aber verhalten wir uns als »homines sapientes«?

Obgleich schon das kleinste Pflänzchen unsere kompliziertesten Geräte an Weisheit (»Information«) unendlich übertrifft, wollen wir doch die hier waltenden Gottesgedanken nicht als solche anerkennen, sondern versuchen mit allen Mitteln, zufällige, von Selektionen gesteuerte Molekularprozesse als die Ursachen des Pflanzen-, Tier- und Menschenreiches hinzustellen.

Das Tragikomische hierbei ist, daß wir mit einem Maximum geistig-gedanklichen Scharfsinns die Nicht-Existenz alles Gedanklich-Geistigen nicht nur im Weltall, sondern schließlich sogar in uns selbst behaupten. Wir Menschen sind in der Tat die typischen Selbstmörder: Wir vermögen nicht nur unseren Leib, sondern sogar unseren Geist zu verneinen, das heißt zu töten, und sind insofern Widersacher der Gottheit.

Dabei wäre es für den modernen Wissenschaftler, ja

sogar für den Materialisten leicht, sich von der Geistwirklichkeit in jedem Menschen und von unserer Spitzenstellung im Weltall zu überzeugen: Wir sprechen leichthin von »Naturgesetzen« und von der »undurchbrechbaren Notwendigkeit« allen Geschehens. Aber die Natur selbst, die Atome und Moleküle, die Pflanzen und Tiere wissen nichts von diesen Gesetzen, denen sie unterstehen. Wir allein sind die Wissenden, die Denkenden, die diese Notwendigkeiten überschauen und ihnen eben dadurch nicht mehr ganz unterstehen. Wer Notwendigkeiten (z. B. in der Physik) begreift, steht jenseits ihrer, ist frei, und kann eben deshalb diese Notwendigkeiten in seinen Dienst stellen. Das tut der Techniker in der materiellen Außenwelt, das tut aber auch der sittliche Mensch, wenn er, aufgrund von Selbsterkenntnis, seine Seelenkräfte läutert und erzieht. So erhebt sich der Mensch über die Nötigungen, denen alles Seiende und sogar er selbst unterworfen ist.

Freisein heißt nicht, Beliebiges tun oder lassen zu können, sondern das Gesetzliche um sich und in sich erkennen, sich eben dadurch aber zugleich von ihm distanzieren, um es hernach seinen Zielen (sei es in der Technik oder in der Ethik) dienstbar zu machen. Wer sich z. B. seinen Neid, seinen Geiz, sein Übelwollen einzugestehen oder gar über sie zu lächeln vermag, hat diesen Mächten bereits die Spitze abgebrochen. Das war und ist der Sinn jeder Beichte, sei es vor Priestern oder Psychotherapeuten oder Rechtsanwälten. Soweit wir dies vermögen, werden wir auch bis zu einem gewissen Grade frei von den Fesseln der Vererbung und des Milieus.

Auch Spätmarxisten möchten sich von solchen Fesseln befreien. Weil sie jedoch ihre Neid-, Haß-, Machtgedanken in die Außenwelt projizieren, versuchen sie, sich durch gesellschaftliche Umstürze von ihren eigenen Unlust- und Minderwertigkeitsgefühlen zu befreien, statt zu allererst ihre eigene Seelenläuterung in Angriff zu nehmen. Sie reden von »Humanität« und »Sozialismus«, sind aber innerlich von asozialen und antihumanen Leidenschaften erfüllt. Dadurch werden sie zu Symbolen unserer Zeit: Denn die moderne Industrie- und Wohlstandsgesellschaft hat es zwar verstanden, die materielle Außenwelt in den Dienst der menschlichen Freiheit und Verfügbarkeit zu stellen, es aber zugleich versäumt, den »Urwald« der menschlichen Innerlichkeit zu roden und zu kultivieren. So haben wir wohl eine hochstehende materielle, aber wohl kaum eine damit vergleichbare geistig-sittliche Kultur. Das werden auch die gegenwärtigen Erziehungsmethoden nicht ändern. Indem diese den Haß gegen alles Überlieferte schüren, produzieren sie unglückliche Menschen, die, haben sie Glück, resignieren, haben sie Unglück, in den Terrorismus abwandern. Dies scheint jedoch den »Umstürzlern« unserer gesellschaftlichen Verhältnisse gar nicht so ungelegen zu sein.

So wird schließlich auch die erbitterte Feindschaft aller linken Diktaturen gegen die Religion verständlich. Denn wer die Funktionärsschicht der Partei an die Stelle der Gottheit setzen will und von den Menschen »Partei-Dienst« statt Gottesdienst fordert, hat nur einen einzigen entscheidenden Gegner: die Religion, d. h. die Hinordnung der Menschen auf ihren wahren Ursprung und auf ihr wahres Ziel.

In dieser Weise über den positiven Sinn der Dunkelheiten des Erdendaseins zu denken, ist allerdings nur berechtigt, wenn wir uns von der Unvernichtbarkeit des

Menschenwesens und von einem Fortleben nach dem Tode überzeugt halten. Der Materialismus muß letztlich trotz aller Versorgungs- und Wohlstandsgesellschaft zur Verzweiflung führen. Nur wenn das Sterben nicht ins Nichts führt, sondern der Tod die Schwelle zu neuem Leben darstellt, können wir das Erdenleben sinnvoll meistern.

Versuche auf die Frage nach dem Menschen zu antworten. Was aber ist eigentlich ein »Mensch«? Man kann ihn anatomisch-physiologisch in Kontrast zu den Säugetieren definieren. Man kann behaupten, er habe, zum Unterschied von den Tieren, eine persönliche, unsterbliche Seele, er habe weiterhin, unabhängig von biologischen Gen-Umwandlungen, durch seine Sprach- und Denkbegabung der Natur-Geschichte, als deren Ende er erscheint, eine Kulturgeschichte hinzugefügt.

Das alles stimmt und trifft doch nicht ganz das Wesentliche und Unbestreitbarste. Wir haben heute die verschiedensten Wissenschaften, die von Mathematik und Astronomie über Physik und Biologie bis zu Psychologie und Theologie reichen und die Gesamtheit des Seienden in den Blick bekommen wollen. Hierbei vergessen wir jedoch zumeist eines: daß alle diese Wissenschaftsbereiche einzig und allein in bezug auf uns Menschen Existenz haben. Denn der Raum treibt keine Geometrie, die Sterne keine Astronomie, die Elektronen keine Physik und Gott selbst treibt keine Theologie. Wovon immer wir also reden, wir reden immer zugleich von uns Menschen als dem Licht der Welt. Der Materialist, der die Alleinexistenz der Materie behauptet, lügt sich selbst an, denn das Wissen um die Gesetze der Materie ist kein materieller, sondern ein eminent gedanklich-geistiger Akt.

Wir stellen nun die seltsame, zumeist vergessene Frage: Warum genügt sich das Seiende nicht in seinem Sein, sondern steht, darüber hinaus, dem Wahrgenommen-, Gedacht- und Gewußt-Werden nicht nur offen, sondern scheint sogar danach zu verlangen und nicht eher zu ruhen, bis inmitten des Seienden im Laufe der Erdgeschichte ein Seiendes entsteht, das die Sehnsucht des Seienden erfüllt, indem es zum Sein das Wissen hinzufügt. Auch die Gottheit möchte von uns Menschen gewußt und (wenn möglich) geliebt werden. Denn die Liebe ist die Vollendung des Wissens und der Weisheit.

Trifft dies zu, so scheinen wir Menschen die allernotwendigsten Wesen im Weltall zu sein, auf deren Verwirklichung die ganze Evolution hinstrebt. Schon in niederen und höheren Tieren kündigen sich die ersten Keime eines Wissens an, das sich dann in uns erfüllt. Die Evolution ist, wie Hegel mit Recht meint, primär Bewußtseinsgeschichte, die zum bloßen Sein das Wissen hinzufügt. Pflanzen und Tiere mögen verschiedene biologische Aufgaben haben, die sie durch die entsprechenden Triebe zu erfüllen suchen. Der Mensch zunächst gleichfalls; aber er hat darüber hinaus die nur ihm mögliche Aufgabe: »Das Himmelsgebäude als den Inbegriff alles Seienden in seinen jeweiligen Gesetzmäßigkeiten und Ordnungen zu betrachten«, also der Wahrheit zu dienen, wie Pythagoras meinte.

Mit bekanntem Tiefsinn formulierte Jakob Böhme, der Philosophus teutonicus, diese Tatsache: »Dazu sind alle Dinge entstanden durch Gottes Wundertat, damit sie von Engeln und Menschen angeschaut und erkannt werden.« In der Tat: Verstünde sich der Mensch recht, so müßte er auf alles andere eher verzichten können als auf Wissen und Wahrheit. Wasser und Brot mögen unseren Leib ernähren und erhalten. Unser eigentliches Wesen jedoch lebt von der Wahrheit, und nur die Wahrheit begleitet uns, nach dem Ableben des materiellen Leibes, in die geistigen Welten.

Wahrheit zu vermitteln und dadurch zum selbständigen Denken anzuregen und das Ich zur Freiheit zu führen, ist die Zentralaufgabe der Erziehung. Nach Wahrheit streben schon die Kleinsten, wenn sie nach den Namen, nach dem Was, Wohin, Warum und Wozu der Dinge fragen.

Mögen immerhin unerfüllte Bedürfnisse und Triebe das menschliche Dasein belasten, am meisten wird es belastet durch die unbeantwortete Frage nach dem Sinn. In der Tat scheint nicht physische Not, sondern fehlender Sinn (besser fehlendes Wissen um den Sinn des Lebens) die Hauptursache dafür zu sein, daß Menschen Selbstmord begehen und Jugendliche in Gammlertum, Rauschgiftsucht oder Terrorismus abgleiten. Der Psychotherapeut Viktor Frankl konnte bedeutende Heilerfolge allein dadurch erzielen, daß er seinen Patienten den Sinn von Schicksalsschlägen, Krankheiten und Leiden eröffnen und dadurch ihr Ich aktivieren konnte.

Vor etwa 2500 Jahren stand Buddha, der Weise aus dem Schakyageschlecht, vor der Sinnfrage des Lebens. Er glaubte, sie im Hinblick auf die vielfachen Leiden verneinen und den Menschen eine baldmögliche Rückkehr ins Nirwana anraten zu müssen. Denn nur infolge irrtumsverhafteter Süchte und Begierden verlasse der Mensch (wie Buddha meinte) die jenseitigen Geistesreiche und werde in den Wirbel irdischer Geburten, Tode und Wiedergeburten hineingerissen. Auch im Alten Testament wird das Erdendasein negativ bewertet, nämlich als Folge einer Schuld, die zur Ausstoßung aus dem »Paradies« führte. Auch Platon war, wie wohl die meisten Weisen des Altertums, der Meinung, es sei für die menschliche Seele besser, nicht in ein Erdendasein einzutreten.

Diese Leib- und Erdenfeindlichkeit teilte sich dann dem Christentum mit und begleitete unter dem Schlagwort »Die Erde als Jammertal« weite Bereiche der abendländischen Geistesgeschichte.

Aber das war ein verhängnisvoller weltgeschichtlicher Irrtum! Denn das »Kreuz«, noch bei Platon Symbol der Erdverhaftung und des Todes, wird im Christentum zum Symbol der Geisteserleuchtung und Auferstehung. Der Sinn des Lebens hat sich vom Jenseits auf das Diesseits verlagert. Eben weil das Erdenkreuz uns Leiden bereitet, ist es nun als Wegbereitung einer Erweckung geheiligt. Denn die Entwicklungschancen für unser Geistwesen liegen nicht im Jenseits, sondern im Diesseits. Hierauf beruht die geheimnisvolle Mission des Irdisch-Materiellen, das der einseitige Spiritualist verachtet, weil er dessen Chancen nicht kennt. Der Opfertod Jesu Christi hat daher keineswegs die Aufgabe, uns vom Erdendasein zu erlösen, sondern, im Gegenteil, uns die Kraft zu vermitteln, dieses Erdendasein leidens- und todesbereit – und, wenn Gott will, mehrmals – auf uns zu nehmen, um daraus Früchte für die Ewigkeit reifen zu lassen.

Man nannte Sokrates einen Vorläufer Jesu Christi nicht nur deshalb, weil er für die von ihm im Auftrage des Gottes verkündete Wahrheit zu sterben bereit war, sondern auch, weil er, in einer Zeit des Untergangs altüberlieferter Werte und Glaubensordnungen, das unmittelbare Wahrheitsgefühl und sittliche Gewissen in jedem einzelnen Menschen erwecken und als Grundlage einer neuen Humanität hinstellen wollte.

In vielen Hinsichten befinden wir uns heute innerhalb der abendländischen Kultur an einer Stelle, die der antik-griechischen Kultur zu Zeiten des Sokrates ähnelt: Überliefertes zerbricht, und der »wahrhaft mündige Mensch«, der ein neues Zeitalter aus der Kraft seines Herzens heraufführen sollte, ist noch kaum ersichtlich. Die Gegenmächte aber suchen das Neue abzuwürgen.

Von Sokrates selbst ist nichts Schriftliches überliefert. Was jedoch sein Schüler Platon in seinen Dialogen darlegt, bildet ein Fundament abendländischer Spiritualität, wobei uns besonders die Verteidigungsrede des Sokrates vor Gericht (»Apologie«) sowie seine Abschiedsrede an seine Schüler (»Phaidon«) ans Herz greift.

Nur ein größenwahnsinniger Narr oder ein wirklicher Gottesgesandter kann in einer Verteidigungsrede, die über Leben oder Tod entscheidet, zu sagen wagen: »Wenn ihr mich freilaßt unter der Bedingung, meine bisherige Wirksamkeit aufzugeben, so werde ich das keineswegs tun. Denn so befiehlt es der Gott. Und ich glaube, daß noch niemals ein größeres Gut dem Staate widerfahren ist als der Dienst, den ich dem Gotte leiste. Denn nichts anderes tue ich, als daß ich umhergehe, um jung und alt unter euch zu überzeugen, ja nicht für Leib, Besitz, Ehre und Ansehen zu sorgen, sondern allein für die Seele. Daher bin ich auch jetzt, ihr Athener, weit entfernt, um meiner selbst willen mich zu verteidigen, sondern um euer selbst willen. Denn wenn ihr mich hinrichtet, werdet ihr nicht so leicht einen anderen Gott-Gesandten für eure Stadt finden.«

Die kurzen Stunden vor dem Trinken des Giftbechers

widmet dann Sokrates der – einst wie heute – zentralen Menschheitsfrage: Ist der Mensch nur ein lebendiger, also sterblicher und verwesender Leib, oder hat er eine Seele, die sich vom Leibe im Tode trennen und in gänzlich andere Seinsbereiche hinübertreten kann? Auch will Sokrates nicht an überliefertes Glaubensgut, sondern an die unmittelbare Erkenntnis appellieren, die (zunächst allerdings unbewußt) doch in jedem Menschen erweckbar ist. In allem Gewohnheitsmäßigen, Routinehaften, Ideologisch-Phrasenhaften manifestieren sich lediglich automatenhafte Leibeskräfte, die mit dem Leib vergehen. Nur wenn wir uns in einer Art Mysterienweihe im Ich-bin konzentrieren, uns aus allen Verhaftungen lösen und die Mühe eigener Gedanken- und Gewissensentscheidungen auf uns nehmen, betätigen wir ein vom Leib unabhängiges Unsterbliches. Die Wirklichkeit unserer Seele muß demnach nicht bloß geglaubt, sie kann auch erfahren werden.

Wann werden alle unsere Erziehungs- und Unterrichtsbemühungen vom Elternhaus bis zur Hochschule neben den nötigen Wissensvermittlungen das hohe Gut dieses *Unsterblichkeitsbewußtseins* und damit die eigentliche *Mensch-Werdung* zum Ziel haben?

Dagegen wird auf Haltung, Gesinnung, selbständiges Urteil und verantwortliche Entscheidung kein Wert gelegt. Man kann auch formulieren, daß eine derartig intendierte, speziell auf Nützlichkeit ausgerichtete Pädagogik, keine Rücksicht auf die Einmaligkeit des Menschen nimmt, sondern eine solche Verhaltenssteuerung notwendigerweise Gleichschaltung bedeutet.

Seien wir uns doch bewußt, daß auf dem Gebiet der Pädagogik Lehren und Lernen eben keine technisch machbaren Dinge sind. Lernen in seinem ursprünglichen Sinn ist dagegen Erfassen von Wahrheit, ist Einsicht in Wahres. Das wird auch einer der Wege sein, der Jugend, die sich weitgehend ohne Perspektiven sieht, wieder einen neuen Lebenssinn – frei auch von Drogen-Gefährdung – zu eröffnen. Ist nicht vieles in dem System, in dem wir leben, eine Ersatzbefriedigung, eine Ausweichhandlung zum Ausgleich für verlorengegangene Lebens- und Seinsdimensionen?

Wer die Zeit, in der wir leben, einigermaßen verstehen will, muß sich die oftmals verdrängte Tatsache vor Augen halten: Wir leben erstmals in der ganzen Menschheitsgeschichte in einem a- oder gar anti-religiösen Zeitalter. Versteht man unter Religion die Hinorientierung des gesamten menschlichen Daseins auf das Übermenschlich-Geistig-Göttliche (im weitesten Sinne), ist Religion bei allen früheren Natur- und Kulturvölkern das tragende Fundament der menschlichen Existenz gewesen. Abgesehen von den totalen Theokratien des Orients, die einst das gesamte soziale, politische und wirtschaftliche Leben bestimmten, ist sogar noch bei den in hohem Maße irdisch-machtmäßig orientierten Römern das ganze Dasein in das Element des Sakralen, Gottesdienstlichen eingebettet.

Diese menschliche Grundhaltung währte dann noch weit hinein in das abendländisch-christliche Mittelalter. Bald aber begann die religiös-gottesdienstliche Haltung im Dogma und in der Dogmengläubigkeit intellektuell zu erstarren und hinzuschwinden. Obgleich das Christentum mit seinem Zentrum im Altarssakrament die bei weitem höchste geschichtliche Religionsform darstellt, begann doch paradoxerweise gerade in dieser Religion der atheistische Materialismus allmählich groß zu werden, wobei eben dieses Altarssakrament der früheste Angriffspunkt der Geist- und Gottes-Leugnung war. Denn das Mysterium der »Wandlung« von Brot und Wein in den Leib und das Blut Jesu Christi bot einer anderen, allmählich im Abendland emporwachsenden Macht scheinbar genügend Angriffspunkte.

Schlußwort

Lange ehe ein Kind das Wort »Ich« auszusprechen vermag, ist es hingegeben, ja gleichsam gebannt von der Realität der Mutter-Brust, des Mutter-Blickes, des Mutter-Lautes. Das »Du« scheint demnach »früher« zu sein als das »Ich«. Vom »Du«, also von der Welt her geschieht allmählich das Erwachen zum »Ich-bin«. Aus einem schlaf- und traumumfangenen Außer-sich-Sein muß jeder Mensch am Beginn jedes neuen Erdendaseins erst allmählich zu sich selbst kommen.

So war es offenbar auch innerhalb der Menschheitsgeschichte, die zugleich die Geschichte jedes einzelnen Menschen-Ichs bildet. Wenn wir auf die ältesten Dokumente, z. B. den altindischen Rigweda zurückgreifen, so erweist sich das menschliche Bewußtsein noch gänzlich im Banne des Welten-Lichtes, der Welten-Geistigkeit, des Welten-Wortes. Auch die Sprache scheint im Urstaunen des A sowie im Urumfassen des O zu wurzeln, weshalb hymnische Gesänge und Gebete zu den ältesten Sprachdokumenten gehören. In hymnischen Gebeten und Gesängen scheint der Mensch auf dasjenige zu antworten, was ihm aus der Welt her begegnet, ihn aus der Weltengeistigkeit her gleichsam anblickt und anspricht.

Das Du-bist der Gottheit ist demnach dem Ich-bin der Menschheit ebenso vorgeordnet wie das Du-bist der

Mutter dem Ich-bin des Kindes. In beiden Fällen, also menschheitsgeschichtlich ebenso wie individualgeschichtlich, vollzieht sich ein allmähliches Erwachen, Zu-sich-Kommen und Sich-selbst-Ergreifen aus einer Sphäre der Hingegebenheit und des Außersichseins, die man im weitesten Sinne mythisch-religiös nennen kann. Das Angesprochenwerden ist die Wurzel des Selbstsprechens. Das Gelenkt- und Gedachtwerden ist die Wurzel der Selbstbeherrschung und des Selbstdenkens. In diesem Sinne gehorcht der ursprüngliche Mensch (wie auch das Alte Testament beweist) zunächst göttlichen Geboten, Eingebungen, Inspirationen, ehe er sich selbst zu gebieten und eigene Einsicht zu erringen vermag.

Hieraus ist der gewaltige bewußtseinsgeschichtliche Umbruch zu ermessen, den erstmals die Griechen vollzogen, indem sie das menschliche »Ich-bin« ergriffen und aus der Kraft dieses »Ichs« das Weltall denkend zu durchdringen sowie sich selbst zu erkennen und zu regieren versuchten. Der eingangs zitierte Ausspruch des Heraklit (544–483) *»Ich habe mich selbst gesucht«* darf ebenso als Absage an das alte, primär im Religiös-Mythischen verwurzelte Asien wie als Begründung des jungen, aufsteigenden Europa gelten, wenngleich sich in diesem Europa alsbald auch die negativen Seiten des neuerwachten Ichbewußtseins (Stolz, Atheismus, Materialismus) bemerkbar machten.

Wer – wie der Autor – nicht primär als Mann der Wissenschaft sondern der Wirtschaft sein Leben zu gestalten hatte, muß doppelt dankbar für alles sein, was ihm auf seinem Erkenntniswege helfend beistehen konnte. Es sind dies, außer Werken vieler anerkannter Philosophen und Wissenschaftler besonders die Schriften eines heute noch nicht genug gewürdigten Denkers und Forschers: Rudolf Steiner (1861–1925). Dieser hatte sich im Zusammenhang mit dem Ganzen des abendländischen Wissensbestandes in besonderem Maße der Frage nach dem Menschsein zugewandt.

Bibliographische Anmerkungen

1 Siehe dazu K. Herberts: *Die Selbstentfremdung des Abendlandes.* 3. Aufl., Würzburg 1979; ders.: *Brücken zum Unvergänglichen – Von der Erweckung des inneren Menschen.* Würzburg 1980.

2 Siehe dazu das zusammenfassende Werk von E. Radl: *Geschichte der biologischen Theorien.* 2 Bände, Leipzig 1909.

3 Siehe dazu Jaques Monod: *Zufall und Notwendigkeit – Philosophische Fragen der modernen Biologie.* München 1970.

4 Hans Driesch: *Philosophie des Organischen.* Leipzig 1909, wiederholt neu aufgelegt.

5 Vgl. Jean E. Charon: *Der Geist in der Materie.* Wien/Hamburg 1979.

6 Siehe G. A. Wetter: *Philosophie und Naturwissenschaft in der Sowjetunion.* Hamburg 1958.

7 Siehe dazu Herbert Kühn: *Erwachen und Aufstieg der Menschheit.* Frankfurt am Main, Fischer-Bücherei Nr. 717.

8 Siehe dazu O. J. Hartmann: *Dynamische Morphologie.* 2. Aufl., Frankfurt am Main 1959.

9 Zu diesem Thema siehe Adolf Portmann: *Zoologie und das neue Bild des Menschen.* Hamburg 1956.

10 Siehe dazu F. J. J. Buytendijk: *Mensch und Tier. Ein Beitrag zur vergleichenden Psychologie.* Hamburg 1958.

11 Siehe Arnold Gehlen: *Der Mensch, seine Natur und Stellung in der Welt.* Wiesbaden 1978.

12 Siehe dazu O. J. Hartmann: *Der Mensch als Selbstgestalter seines Schicksals.* 10. Aufl., Frankfurt am Main 1979.

13 Siehe dazu J. von Uexküll: *Umwelt und Innenwelt der Tiere.* 2. Aufl. 1921; und: *Streifzüge durch die Umwelten der Tiere und Menschen.* 1934.

14 Zur Sinnfrage des Lebens und zur Situation der Jugend haben

wesentliche Gesichtspunkte beigebracht: Victor E. Frankl: *Der Mensch vor der Frage nach dem Sinn.* München 1979; sowie Chr. Meves: *Manipulierte Maßlosigkeit.* Freiburg im Breisgau 1973.

15 Vgl. dazu E. Bozzano: *Übersinnliche Erscheinungen bei Naturvölkern.* Bern 1948.

16 Siehe dazu K. E. Neumann: *Die Reden des Gotamo Buddha.* Mittlere Sammlung des Palikanons. 3 Bände, München 1922.

17 Fallstudie aus H. Müller-Eckhard: *Die Krankheit, nicht krank sein zu können.* Stuttgart 1954. Man sieht: Gewissensbisse, auch wenn sie zunächst oder gerade weil sie zunächst unbewußt bleiben, greifen tief in unsere Leibesgesundheit ein. Siehe dazu auch O. J. Hartmann: *Schicksal, Krankheit und Heilung.* 3. Aufl., Freiburg im Breisgau 1972.

18 Zu diesem Thema A. Portmann: *Zoologie und das neue Bild des Menschen.* Hamburg 1956.

19 Siehe J. Itard: *Victor, das Wildkind.* Zürich/Stuttgart 1965; sowie R. Spitz: »Hospitalisation« in: *Der Kranke in der modernen Gesellschaft.* Hrsg. von Alexander Mitscherlich, Köln/Berlin 1967.

20 Siehe Friederich Hacker: *Aggression.* Wien 1971; Erich Fromm: *Menschliche Destruktivität.* Stuttgart 1974; J. Rattner: *Aggression und menschliche Natur.* Freiburg im Breisgau 1970.

21 Sigmund Freud: *Abriß der Psychoanalyse. Das Unbehagen in der Kultur.* Frankfurt am Main 1958.

22 Dazu O. J. Hartmann: *Kampf um den Menschen in Natur, Mythos, Geschichte.* 2. Aufl. 1969.

23 J. Görres: *Christliche Mystik.* 5 Bände, 1834/36.

24 E. Hoffer: *Der Fanatiker.* Hamburg 1965.

25 Vgl. O. J. Hartmann: *Wege und Irrwege des Menschseins.* Kapitel 9, Freiburg im Breisgau 1972.

26 In: *Die Tiergestalt.* Basel 1960.

27 Über die Bedeutung priesterlich-königlicher Kronen, Mäntel und Insignien siehe E. Eisler: *Weltenmantel und Himmelszelt.* 2 Bände, München 1910.

28 Siehe dazu das gleichnamige Buch von O. Schatz, Graz 1971.

29 Siehe F. J. J. Buytendijk: *Mensch und Tier. Vergleichende Psychologie.* Reinbek 1958.

30 Zu diesem Thema: G. Köhler und E. Reuter: *Was sollen Schüler lernen?* Frankfurt am Main 1973.

31 Rudolf Steiner: *Wie erlangt man Erkenntnisse der höheren Welten?* 1904.

32 Dazu G. Widengren: *Mani und Manichäismus.* Stuttgart 1961.

33 Siehe H. Sopp: *Was der Mensch braucht. Tiefenpsychologischer Exkurs über Erfüllung und Versagen im Beruf.* Düsseldorf 1958.

34 Dazu K. Herberts: *Die Selbstentfremdung des Abendlandes.* 3. Aufl., Würzburg 1979; ders.: *Verantwortung in der industriellen Gesellschaft.* Düsseldorf 1971.

35 Siehe H. Findeisen: *Schamanentum Stuttgart 1975.*

36 Siehe M. Scheler: *Mensch und Kosmos.* 1928; *Die Wissensform und die Gesellschaft.* 1926; K. Kanthack: *Max Scheler.* Neuß 1948.

37 Siehe dazu Solschenizyn: *Stimmen aus dem Untergrund.* Darmstadt 1975; ders.: *Drei Reden an die Amerikaner.* Darmstadt 1975. D. Tschizewskij: *Russische Geistesgeschichte.* 2 Bände, Hamburg 1959. N. v. Sementowsky-Kurilo: *Europa und das unsichtbare Rußland.* Freiburg im Breisgau 1978.

38 Es sei auf Raymond Aron verwiesen, daß die »Dekadenz Europas in der Realitätsflucht seiner Intelligenz liege«; *Plädoyer für das dekadente Europa.* Frankfurt am Main 1978.

Über den Autor

Kurt Herberts, geboren 1901 in Wuppertal-Barmen, studierte Chemie an der TH Stuttgart (Dipl.-Ing. 1922, Dr.-Ing. 1923). Seine praktische Ausbildung erhielt er in Bank, Industrie und im Familienunternehmen Otto Louis Herberts, das er der 1924 gegründeten eigenen Firma 1927 anschloß.

Zur Ergänzung der vielseitigen unternehmerischen Aufgaben in der Entwicklung eines industriellen Werkes, das im Laufe weniger Jahrzehnte zu einem Unternehmen von Weltgeltung heranwuchs, trat eine Vielzahl von leitenden Funktionen in Wirschaft und Industrie. Besonderen Rang hatten Studien auf dem Gebiet der Wirtschafts- und Sozialpädagogik. Persönlichem Engagement sind folgende Einrichtungen zu danken: Eine betriebseigene Schule (Dr.-Kurt-Herberts-Schule) für eine zeitgemäße Berufsausbildung, die Gründung der »Dr.-Kurt-Herberts-Stiftung« für die Förderung Industriellen Nachwuchses e.V.. Der Autor ist zudem Herausgeber und Mitarbeiter der »Jahrbücher für Wirtschafts- und Sozialpädagogik«. Mitwirkung und verantwortungsvolles Patronat sind kennzeichnend beim Aufbau einer Waldorf-Schule (Rudolf-Steiner-Schule/Wuppertal, die bis zum Abitur führt und im Jahr 1952 bereits von etwa 600 Schülern besucht wurde), der Einrichtung einer Waldorf-

schule für seelenpflegebedürftige Kinder, die nicht in normalen Schulen unterkommen können, (1958 feierliche Eröffnung dieser Christian-Morgenstern-Schule; hier sind heute etwa 200 Kinder in Klassen von je zehn bis fünfzehn Schülern untergebracht).
Unterstützung und die Möglichkeit freier künstlerischer Entfaltung in einem Maltechnikum bot Kurt Herberts namhaften Künstlern im In- und Ausland. Ihre Werke standen einst als »entartete Kunst« auf dem Index des Naziregimes.
1976 gab der Autor seine industrielle Tätigkeit auf, um sich bevorzugt wissenschaftlichen und literarischen Arbeitsgebieten zu widmen.

Öffentliche Ehrungen und Anerkennungen:

1961 Ehrenpromotion zum Dr. rer. nat. h.c. an der Rheinisch-Westfälischen Technischen Hochschule Aachen,
1963 Ernennung zum Senator E.h. an der Technischen Hochschule Stuttgart,
1966 Verleihung des Großen Verdienstkreuzes des Verdienstordens der Bundesrepublik Deutschland vom Bundespräsidenten,
1969 Ehrenring der Stadt Wuppertal,
1971 Verleihung des »Megalos-Stavros« (Großes Kreuz für Verdienste) durch die Heilige Metropole von Deutschland und das Exarchat Mitteleuropa – zugleich Ernennung zum Ehrenvorsitzenden der griechisch-orthodoxen Gemeinde Wuppertals.

Publikationen:

1938 10 000 Jahre Malerei und ihre Werkstoffe.
1940 Dokumente zur Malstoffgeschichte. – Lackierkunst im technischen Zeitalter.
1941 Untersuchungen über die Anwendbarkeit historischer Malverfahren. – Anfänge der Malerei.
1942 Aus der Maltechnik geboren. – *Alle in Wuppertal*
1949 Goethes Lebenswerk als Weg zu einer geistgemäßen Naturwissenschaft. In: *Chemische Industrie;* Jg. 1, Nr. 4.
1950 Das Problem der Mitbestimmung in seinen lebensrealen Zusammenhängen. Ebd.; Jg. 2, Nr. 6.
1953 Wände und Wandbild. – *Stuttgart*
1957 Die Maltechniken. Mittler zwischen Idee und Gestaltung. – *Düsseldorf – London – Paris*
1959 Das Buch der ostasiatischen Lackkunst. – *Düsseldorf – London*
1964 Wirtschaftliche Wirklichkeit und gefährdete Menschlichkeit – Wissenschaftliche Erkenntnis und betriebliche Praxis. – *Heidelberg*
1965 Der Mensch im Industriebetrieb als Ausgangspunkt pädagogischer Erkenntnisse und als Ziel erzieherischer Hilfe. – *Heidelberg*
1966 Offenbarungen in der Malerei des 20. Jahrhunderts. – *Düsseldorf*
1966 Pädagogische Gedanken und Methoden zur Einstellung industrieller Lehrlinge. – *Heidelberg*
1967 Betrieb und Schule als polare Faktoren eines zeitgemäßen Ausbildungssystems. – *Heidelberg*
1968 Menschenbildung und ihre Bewährung in der Berufsausbildung. – *Heidelberg*

1969 Das wirtschaftliche Denken unserer Berufsanfänger. – *Freiburg i. Br.*

1970 Berufserwartungen und Weiterbildungspläne von Lehranfängern. In: *Chem. Industrie. – Freiburg i. Br.*

1971 Verantwortung in der industriellen Gesellschaft. In: *Jahrbuch für Wirtschafts- und Sozialpädagogik. – Düsseldorf*

1977 Die Selbstentfremdung des Abendlandes. (3. Aufl. 1979.) – *Würzburg*

1980 Brücken zum Unvergänglichen. – *Würzburg*

Stimmen zum Werk von Kurt Herberts

»... Für die Ewigkeit bleiben werden nur die Seelen der einzelnen Menschen – bereichert mit allem, was sie sich in diesem irdischen Leben als Substanz erwerben konnten ..« – wie schön sind diese Worte von Kurt Herberts, sie trösten und geben den Klang seines Buches *Selbstentfremdung des Abendlandes* an; hier könnte sie noch eine Minute vor 12 zum Stoppen kommen. Herberts gibt die Fingerzeige, es liegt an der Menschheit, ob sie die Stunde erkennen wird. Die Klarheit und Unbeirrbarkeit der Gedanken und die Schönheit der Sprache vermitteln Vorstellungen von großer Lebendigkeit und Einprägsamkeit, wie ich sie in solcher *Wucht* und *Warnung* in heutiger Zeit noch nicht vernommen habe. Der Wirtschaftskenner und Kunstsammler, der konsequent denkende Herberts – alle zusammen bringen die seltenste Spezies zustande, die heute noch auf freier Wildbahn herumläuft: den Menschen!

Professor Hans Jürgen Kallmann

In diesem Werk wird ein Weg zur österlichen Auferstehung gezeigt, der zunächst Kopfschütteln, ja sogar Abwehr hervorruft, der sich aber, losgelöst vom geopolitischen Raum und auf den theologischen Untergrund zurückgeführt, vielleicht doch als die einzige Möglichkeit eines neues Ostern erweist.

Dr. Rudolf Graber,
Bischof von Regensburg

Wie die Kräfte des europäischen Sinnverzichts dabei sind, das Abendland gegen ein emanzipiertes Niemandsland einzutauschen, nicht wissend, was sie wegwerfen, da sie selbst auf den kulturellen Besitzstand nichts mehr geben, das ist die Sorge, die sich auf jeder Seite des Buches von Kurt Herberts niederschlägt.

Lothar Bossle in »Die Welt«

Das abendländische Menschenbild wird zerstört durch ein materialistisches Weltbild, in dem die Person nur Knecht des Kollektivs ist, das von privilegierten Funktionären ideologisch geführt wird. Diese Bedrohung ist das Motiv von Kurt Herberts. Mit der Unmittelbarkeit seiner vielseitigen Erfahrungen und seines tiefgreifenden Verstehens für die Macht des Geistes begründet er ungewohnte, zugleich aber in der abendländischen Kultur tief verwurzelte geistig religiöse Wahrheiten neu.

Professor Dr. Walter Thoms,
Vizepräsident
der Humboldt-Gesellschaft für Wissenschaft,
Kunst und Bildung.

Dieses Buch hat mich angesprochen. Der Autor hält fest an dem Bild des Menschen, und er vermag viele Leser zur Besinnung zu führen.

Prof. Dr. Joseph Vogt, Tübingen

Daß mich der Inhalt dieses Buches so faszinierte, daß ich von seiner Lektüre nicht freikam. Jede Seite ist nicht nur instruktiv, sondern zur Meditation anregend.

Prof. Dr. August Marx, Mannheim

Das Buch hat seinen Platz in der geschichtsphilosophischen Literatur in Europa unbestreitbar eingenommen.

Prof. Dr. Lothar Bossle, Würzburg

Etwa seit dem *Untergang des Abendlandes* von Oswald Spengler sind zahlreiche Bücher erschienen, die sich mit der Kulturwende beschäftigen, die mit der Industrialisierung der westlichen Welt begonnen hat. Wenige haben einen solchen umfassenden Tiefgang wie das Wort von Kurt Herberts. Das Buch kommt zur rechten Zeit als eine Hilfe bei der Überwindung des Kulturpessimismus, der geradezu lähmend viele Menschen niederdrückt.

Hans Joachim von Merkatz
in »Bayern-Kurier«

Ich habe das Buch mit Begeisterung gelesen, sagt es uns doch so vieles in so klarer Darstellung, was man selbst empfindet. Ich bewundere die perfekte Literaturkenntnis.

Berthold von Bohlen und Halbach, Essen

Selten hat jemand das humane Verhältnis von Arzt und Patient so tiefgründig dargestellt, wie es Kurt Herberts in dem jetzt vorgelegten Buch getan hat. Dieses Buch ist nicht nur ein Bundesgenosse für den Arzt in den vielfachen Bedrängnissen dieser Zeit. Es ist zugleich neben dem Arzt ein weiterer Helfer für den Patienten, der hier in eindringlicher Sprache erfährt, welche tiefe humane Dimension in der Begegnung mit dem Arzt eigentlich liegt.

Sanitätsrat Dr. med. E. Bauer

Alles in allem ein selten mutiges, in wahrstem Sinne revolutionäres Buch.

Schweizer Rundschau, Luzern

Ein würdiges Menschenbild leuchtet durch dieses Buch hindurch. Es gliedert den Menschen ein in den ganzen Kosmos.

Dr. G. von dem Borne, Nürnberg

Ich suche den Menschen – treffender könnte Kurt Herberts den Titel seiner neuen Arbeit kaum gewählt haben. Hier wird in der Tat der Schleier gelüftet »vom Geheim-

nis der Erkenntnis und Liebe«. Und der Leser spürt, aus welch reichem persönlichen Erleben und mit welch echter Anteilnahme der Verfasser Wegzeichen geistiger Führung zur Selbsterneuerung setzt.
Aus tiefem Verständnis geistiger Mächtigkeit und zugleich aus der eigenen Verwurzelung in den Traditionen unserer abendländischen Kultur führt Herberts in sokratischer Sicht durch eine Frageführung, die gewiß nicht immer bequem ist, aber um so effektiver heutige Wegsuche erhellt.
Glaube, Wissen und Erfahrung sind die drei Komponenten, die für den Erfolg dieser sokratischen Denkrezeptur von Kurt Herberts sprechen. Eine lebendige und einprägsame und deshalb wirksame Lektüre! Bei immer wacher und kritischer Haltung ein kraftvolles und hoffnungfrohes Buch!

Dr. Herbert Kessler

Über die Herausgeber

Die Lebensbedingungen der modernen Industrie-Gesellschaft erschweren dem einzelnen die Selbstverwirklichung im selben Maße, wie sie ihm den Alltag bequemer und ertragreicher machen. Staat und Gesellschaft, Kirche und Familie sind bei weitem nicht mehr jene festen Gehäuse, in denen frühere Generationen Unterschlupf fanden. Daher sind freiwillige Zusammenschlüsse wie die Humboldt-Gesellschaft für Wissenschaft, Kunst und Bildung e. V. um so wichtiger geworden. Sie leisten eine Orientierungs- und Lebenshilfe, die eine echte Selbst- und Sinnfindung ermöglicht. Dem dient auch die Schriftenreihe »Sokratische Weisheit«, die den Namen eines der großen Menschheitslehrers, des Atheners Sokrates, trägt.

Sokratische Weisheit ist besonnen und kritisch, aber voller Kraft für die Lebenspraxis und voller Schönheit in der Lebensfreude. Innerer wie äußerer Frieden ist ihr Werk. Wer an der Sokratischen Weisheit partizipiert, wird jenes Selbst- und Weltvertrauen gewinnen, das Sokrates bei seinem Opfertod beseelt hat.

Die Humboldt-Gesellschaft für Wissenschaft, Kunst und Bildung e. V. vermittelt zwischen den Natur- und den Geisteswissenschaften sowie zwischen den Wissenschaften einerseits, den Künsten und der Bildung andererseits. Mit diesem Brückenschlag versucht die Humboldt-Gesellschaft, die Ganzheit des Menschen in kultureller Kreativität und Verantwortung anzusprechen.

Die Humboldt-Gesellschaft hält jährlich eine öffentliche Akademie-Sitzung in einer Großstadt der Bundesrepublik Deutschland, in Berlin oder im Ausland ab. Alljährlich findet weiterhin eine Synthema-Tagung statt, bei der die Vorträge ausgiebiger diskutiert werden. Symposien oder Bankette und künstlerische Darbietungen runden die Zusammenkünfte ab. Die Zahl der Veröffentlichungen wächst stetig.

Die Sokratische Gesellschaft e. V. stellt in Sokrates eine der maßgebenden Stiftergestalten der Menschheit vor und zeigt, warum Sokrates modern ist. Überleben durch Ethik in allen Lebensbereichen ist ein Hauptprinzip der Sokratischen Gesellschaft. Der Veräußerlichung wird entgegengetreten, indem eine mit wissenschaftlichem Geist zu vereinbarende Esoterik gepflegt wird, der apollinischen Gesinnung und dem Daimonion des Sokrates entsprechend.

Toleranz gehört zu den Grundsätzen beider Gesellschaften. Leitthemen sind die Polarität als Weltprinzip, die Einheit in der Vielfalt, also eine Förderung des menschlichen Miteinanders und ein Abbau des Gegeneinanders. Das Ganze wird ebenso ins Blickfeld gerückt wie seine Glieder. Die beiden Gesellschaften ergänzen sich in ihrer Wirkungsweise.

FERMENTA COGNITIONIS
herausgegeben von Gerhard Wehr

MEISTER ECKHART
104 S., kart. cell.
Meister Eckhart schöpfte seinen Glauben und sein Wissen aus den Tiefen einer vom Geistfeuer Gottes durchglühten Erfahrung, auf der anderen Seite richtet sich sein Streben auf die Verwirklichung des spirituell Errungenen in der Welt.

JAKOB BÖHME – DER GEISTESLEHRER UND SEELENFÜHRER
116 S., kart. cell.
» Man kann nicht umhin, von Jakob Böhme zu sagen, er sei eine Wundererscheinung in der Geschichte des deutschen Geistes. Könnte man je vergessen, welcher Schatz von natürlicher Geistes- und Herzenstiefe in der deutschen Nation liegt, so dürfte man sich nur an ihn erinnern . . . « (Schelling)

FRIEDRICH CHRISTOPH OETINGER
96 S., kart. cell.
Die Wiederentdeckung eines Mannes, der im Zeichen einer am Materialismus erkrankten Welt überraschend aktuell ist. Die faszinierende Einführung in Leben und Werk des »Magus des Südens«: Theosoph, Alchymist, Kabbalist – Friedrich Christoph Oetinger.

VALENTIN WEIGEL
Der Pansoph und esoterische Christ
112 S., kart. cell.
Bei Valentin Weigel fügen sich Natur- und Gotteserkenntnis zu einer Einheitsschau zusammen. Der umfassend, nämlich natur- und geisteswissenschaftlich Gebildete, erweist sich als ein Mann, der vom Geist der mittelalterlichen Mystik Meister Eckharts, Johannes Taulers u. a. entflammt ist.

AURUM VERLAG · FREIBURG IM BREISGAU

FERMENTA COGNITIONIS
herausgegeben von Gerhard Wehr

DER ANTHROPOSOPHISCHE ERKENNTNISWEG

120 Seiten, kart., cell.

Gerhard Wehr, Autor zahlreicher Werke zur Geistesgeschichte und Esoterik, schildert in diesem Buch die Besonderheit des anthroposophischen Erkenntnisweges. Auf der Basis der Menschenkunde Rudolf Steiners beschreibt er die Stufen für eine spirituelle Erweiterung des Bewußtseins.

RUDOLF STEINER ALS CHRISTLICHER ESOTERIKER

112 Seiten, kart., cell.

»Der Christus wird noch in vielen Formen an die Menschheit herantreten . . . Das Christentum steht nicht am Ende, sondern am Anfang seiner Wirksamkeit.« (Rudolf Steiner) Unbeeinflußt von allen Kontroversen der Gegner und Anhänger der Anthroposophie, zeichnet Gerhard Wehr ein überraschendes Bild ihres Gründers.

PARACELSUS

120 Seiten, kart., cell.

In einer Zeit, in der das Interesse an naturgemäßen Heilweisen und an menschengemäßen Lebensformen zu einem allgemeinen Bedürfnis geworden ist, nimmt auch das Interesse an den geistigen Gründergestalten eines spirituellen Natur- und Menschenbildes zu. Paracelsus gehört als Arzt, Naturforscher und geistoffener Christ in die Schar derer, die heute aufs neue Erhellendes zu sagen haben.

NOVALIS

Ein Meister christlicher Einweihung

128 Seiten, kart., cell.

Friedrich v. Hardenberg habe, so Hermann Hesse über den Frühromantiker und christlichen Esoteriker Novalis, »das wunderlichste, geheimnisvollste Werk« hinterlassen, »das die deutsche Geistesgeschichte kennt«. Vielleicht sind diese Gedankenfragmente der »Blütenstaub« der »Blauen Blume«, die er der Dichtung zum Bild ersann.

AURUM VERLAG · FREIBURG IM BREISGAU

Weitere Bücher aus dem Aurum Verlag

Jakob Böhme
CHRISTOSOPHIA
- Ein christlicher Einweihungsweg -
Herausgegeben und erläutert von Gerhard Wehr
2. Auflage, 220 Seiten, kart. cell.

Jakob Böhme gehört in die Schar der großen Erleuchteten, die eine tiefe Schau in den Geheimniszusammenhang von Gott, Welt und Menschheit erfahren haben. Böhme, Meister der christlichen Esoterik, weist einen Weg zur inneren Begegnung mit Christus.

Jakob Böhme
AURORA oder
MORGENRÖTE IM AUFGANG
Herausgegeben und erläutert von Gerhard Wehr
412 Seiten, kart. cell.

Dieses Erstlingswerk Jakob Böhmes ist nichts weniger als der Versuch, ein System für den Kosmos und die in ihm waltenden göttlichen Kräfte zu entwerfen.

Jakob Böhme
VON DER GNADENWAHL oder
VON DEM WILLEN GOTTES ÜBER DIE MENSCHEN
Herausgegeben und erläutert von Gerhard Wehr
224 Seiten, kart. cell.

»Jakob Böhmes Schriftchen *Von der Gnadenwahl* möchte ich zu den tiefsten Erleuchtungen der ganzen Christenheit rechnen.« So urteilte der Philosoph Leopold Ziegler.

Jakob Böhme
VON DER MENSCHWERDUNG JESU CHRISTI
Herausgegeben und erläutert von Gerhard Wehr
248 Seiten, kart. cell.

Jakob Böhme umkreist in diesem Buch das Christus-Mysterium als einen Prozeß, der im Urgrund der Gottheit anhebt und sich auf der Erde in einem geschichtlichen Augenblick verwirklicht.

AURUM VERLAG · FREIBURG IM BREISGAU